黄河上游典型干湿区水资源条件与多水源联合调配模式研究

刘柏君　著

中国水利水电出版社
www.waterpub.com.cn
·北京·

内 容 提 要

本书以黄河流域上游所处湿润区的四川阿坝州黄河流域与所处干旱区的宁夏中卫市为研究对象，通过实地查勘、特征分析、问题诊断、模型创建等多种方式，开展黄河上游干湿区水资源条件与多水源联合调配模式研究，揭示研究区具备的水资源条件，分析研究区水资源利用特征并诊断出存在的问题；通过研究区供需平衡，构建区域多水源联合调配模型，探究阿坝州黄河流域和中卫市的多水源联合调配模式，提出黄河上游湿润区与干旱区多水源联合调配适应性保障措施，为流域生态保护和高质量发展提供参考。

本书可供研究和关心黄河流域水资源保护和管理的各专业人士和管理者参考，也可供水文、环境、自然地理等相关专业的科技工作者、管理人员及相关学科的本科生、研究生阅读和参考。

图书在版编目（ＣＩＰ）数据

黄河上游典型干湿区水资源条件与多水源联合调配模式研究 / 刘柏君著. -- 北京：中国水利水电出版社，2022.4
ISBN 978-7-5226-0513-5

Ⅰ. ①黄… Ⅱ. ①刘… Ⅲ. ①黄河流域－上游－水资源管理－研究 Ⅳ. ①TV213.4

中国版本图书馆CIP数据核字(2022)第034080号

书　　名	黄河上游典型干湿区水资源条件与多水源联合调配模式研究 HUANG HE SHANGYOU DIANXING GANSHIQU SHUIZIYUAN TIAOJIAN YU DUOSHUIYUAN LIANHE TIAOPEI MOSHI YANJIU
作　　者	刘柏君　著
出版发行	中国水利水电出版社 （北京市海淀区玉渊潭南路 1 号 D 座　100038） 网址：www. waterpub. com. cn E - mail：sales@mwr. gov. cn 电话：(010) 68545888（营销中心）
经　　售	北京科水图书销售有限公司 电话：(010) 68545874、63202643 全国各地新华书店和相关出版物销售网点
排　　版	中国水利水电出版社微机排版中心
印　　刷	天津嘉恒印务有限公司
规　　格	170mm×240mm　16 开本　10.25 印张　201 千字
版　　次	2022 年 4 月第 1 版　2022 年 4 月第 1 次印刷
定　　价	**56.00 元**

前　言

　　水资源是自然资源、经济资源和生态环境的控制因素，水是生命之源、生产之要、生态之基，人类社会的产生和发展都与水息息相关。水资源条件分析是对某一地区或流域水资源的数量、质量及其时空分布特征，开发利用状况和供需发展趋势作出调查和分析评价，是开展水资源规划和水资源调配的基础和前期，是指导水资源开发、利用、节约、保护、管理工作的重要基础。同时，研究出科学、合理的多水源联合调配模式，更是实现流域或区域生态保护与高质量发展目标的重要支撑。

　　为保障国家水资源安全，党中央相继提出了科学发展观、五大发展理念、黄河流域生态保护与高质量发展等重大战略思想，作出了加快水利改革发展、保障国家水安全、建设资源节约型环境友好型社会、推进生态文明建设、实施水污染防治行动计划等一系列战略部署，习近平总书记提出了"节水优先、空间均衡、系统治理、两手发力"的新时期治水思路，提出了落实最严格水资源管理制度、实施水资源消耗总量和强度双控行动、建立用水权分配制度和资源环境承载能力监测预警机制、科学维持和保障生态需水等一系列管控任务，对流域或区域水资源保护提出了新要求。由此，黄河流域水资源严格管理与优化配置、生态环境保护与修复已经势在必行、刻不容缓。

　　本书共分7章，第1章绪论，重点介绍了研究背景与意义，论述了相关国内外研究进展，并阐明了研究目标与研究内容，确立了本书研究的技术路线。第2章研究区概况，从自然地理条件、河流水系、气候特征、资源状况等方面，对所选研究区概况进行全面论述。第3章水资源条件分析，按照水资源分区原则对研究区进行分区，并对水资源特征分析方法以及水资源计算方法进行详细论述；从降水、蒸发、地表水、地下水、水资源总量、水资源质量等要素入手，对研究区水资源条件进行分析，获知黄河上游典型干旱区、湿润区水资源特征。第4章水资源利用与问题诊断，通过分析研究区供水工程、供水量、用水量、耗水量特点，解析区域/流域水资源开发利用情势，并对黄河上游典型干旱区、湿润区水资源利用存在的问题进行诊断。第5章需水预测与供水分析，结合研究区水资源开发利用特征，对区域/流域生活、工业、农业、生态环境需水进行预测，基于供水分析边界条件的讨论，对研究区可供水量进行计算。第6章多水源联合调配模式研究，从多水源联合调配策略入手，通过设定模型目标函数、约束条件、优化算法，构建区域/流域多水源联合调配模型，获得黄河上游典型干旱区、湿润区多水源联合调配方案，并提出研究区具有变化环境适应性的多水源联合调配保障措施。第7章结论与展望，总结本书的研究成果，提出黄河流域水资源管理未来主要的研究内容与方向。

本书的出版得到了黄河勘测规划设计研究院有限公司彭少明正高级工程师、崔长勇正高级工程师、李克飞高级工程师、贺丽媛高级工程师、赵新磊高级工程师和贺逸清工程师等多位同事的指导和帮助；同时，本书的出版得到国家重点研发计划课题（2018YFC1508706）"重点生态区与城市抗旱应急保障管理措施及技术"、中国博士后科学基金资助项目（2019M652551）"基于生态响应的黄河河口区抗旱应急保障技术研究"、黄河勘测规划设计研究院有限公司博士后课题（2018BSHZL03）"西北内陆区黑河流域水资源多维协同配置研究"的资助，在此诚表谢意。

在黄河流域水资源开发利用格局转型的当下，区域多水源联合调配问题仍处于不断探索阶段，本书研究内容还需要不断充实完善。由于作者水平有限，书中难免存在疏漏之处，敬请专家读者批评指正。

作者

2021 年 7 月

目　录

第 1 章

绪 论

1.1 研究背景与意义

水是生存之本、文明之源、生态之基。水资源是基础性自然资源、战略性经济资源，是生态与环境的重要控制性要素，也是一个国家综合国力的重要组成部分[1]。习近平总书记 2019 年 9 月 18 日在郑州主持召开黄河流域生态保护和高质量发展座谈会，强调黄河流域生态保护和高质量发展是重大国家战略，保护黄河是事关中华民族伟大复兴和永续发展的千秋大计，这也给我国区域发展提出了更高的要求[1-2]。中国多年平均水资源量约为 2.8 万亿 m³，仅为全球水资源总量的 6%，人均水资源量约占世界平均水平的 1/4，是一个相对缺水的国家[3]；同时，我国水资源与土地、能源、矿产等要素间存在着极大的不均衡性，社会经济的快速发展对水资源需求不断增加[4]，且在气候变化影响逐渐凸显的条件下[5-6]，资源型缺水、工程型缺水、水质型缺水等问题并行让我国区域高质量发展面临巨大挑战，如何明确水资源条件和开展多水源联合调配等问题与人民福祉息息相关。

黄河是中华民族的母亲河，是中华文明的发源地。黄河流域总面积为 79.5 万 km²，是连接青藏高原、黄土高原、华北平原的生态廊道，构成我国重要的生态屏障[7]。黄河流域是我国重要经济地带，煤炭、石油、天然气和有色金属储量丰富，是我国重要的能源、化工、原材料和基础工业基地，流域粮食和肉类产量约占全国的 1/3，是我国农产品主产区。黄河是世界上含沙量最高、治理难度最大的河流，历史上曾"三年两决口、百年一改道"，给沿岸百姓带来了深重的灾难，成为中华民族的"心腹之患"[8-9]。新中国成立以来，经过多年的水利建设，流域防洪减灾体系基本建成，水沙治理取得显著成效，生态环境持续明显向好，发展水平不断提升。黄河流域自然条件复杂，河情特殊，决定着黄河治理的长期性、复杂性和艰巨性。当前，黄河水资源短缺仍是流域面临的主要问题[10-11]。

1.1.1 水资源开发利用长期超过承载能力

20世纪70—90年代，黄河曾有22年发生断流。1999年统一调度以来，虽然实现了黄河干流连续20年不断流，但河道内生态环境水量仍偏低，汾河、沁河、大黑河、大汶河等支流断流严重，河流生态功能受损。流域地下水超采区面积达3.11万 km²，浅层地下水超采量9.4亿 m³，引起地面不均匀沉降、地裂缝等地质灾害。

1.1.2 水资源短缺长期制约流域高质量发展

黄河流域现状缺水严重，有1000多万亩有效灌溉面积得不到灌溉，有4000多万亩农田实际灌溉不充分，重点能源项目由于缺水而难以落地。此外，城乡供水安全保障能力有待进一步提升，还有一些地区守着黄河却用不上黄河水，部分城市缺少应急备用水源。

1.1.3 水资源节约集约利用水平有待进一步提高

农业用水占比接近70%，高于全国平均水平，大中型灌区续建配套还不完善，部分灌区用水粗放低效，非常规水利用率低。

黄河上游地区是流域的主要产水区，其水资源安全不仅关系到治黄方略、水资源配置格局与重大水利工程布局，而且与国家安全、生态安全、经济安全、能源安全、粮食安全密切相关。黄河上游地区农村用水在供水保障、水质、工程方面仍存在一定困难，且区域需水结构发生了较大变化，生活、生态、生产用水大幅增加，厘清黄河上游地区水资源条件，展开区域多水源联合调配，对于生态保护修复措施的有效开展、城乡居民用水安全的全面提高以及区域高质量发展有力促进十分必要。考虑到黄河上游地区干湿分布情况多样，不同干湿特征在水资源管理中存在异同性，因此，选择黄河上游典型湿润区与干旱区为研究对象，分析流域典型湿润区与干旱区水资源条件，开展区域多水源联合调配，对实现黄河流域生态保护与高质量发展战略要求具有重要的支撑作用。

1.2 国内外研究进展

1.2.1 水资源条件分析研究进展

英国1963年颁布的《水资源法》将水资源定义为具有足够数量的可用水源[12]，1988年联合国教科文组织（UNESCO）和世界气象组织（WMO）共同颁布的《水资源评价活动——国家评价手册》将水资源定义为可以利用或有可能被利用的水源,具有足够数量和可用的质量,并能在某一地点为满足某种用途而被利用[13]。我国的《中国水资源初步评价》将水资源定义为逐年可以得到恢复的淡水量,包括河川流量和地下水补给量,而大气降水则是它们的补给来源[13-14]。可以看出,水资源既在数量范畴中,也在质量范畴中。

早在1840年,美国开展了密西西比河水量统计工作,并于20世纪初完成了《科罗拉多水资源》《纽约州水资源》《联邦东部地下水》等成果;到了1930年,苏联编著了《国家水资源编目》《苏联水册》等报告;1968年,美国对全国水资源进行分区,完成了全国的首次水资源评价[15-16]。在1977年世界水会议上,联合国号召各国进行专门的国家水平的水资源调查与分析活动[17]。2009年,美国水安全法案提出定期开展综合性水资源调查评价,每5年向国会报告一次;欧盟2000年水框架指令规定明确的执行时间表,各成员国以6年为一个周期开展水资源评估等工作[17]。

我国的《水法》规定,制定规划,必须进行水资源综合科学考察和调查评价;地方各级人民政府应当结合本地区水资源的实际情况……合理组织开发、综合利用水资源;《水文条例》规定,县级以上人民政府水行政主管部门应当根据经济社会的发展要求,会同有关部门组织相关单位开展水资源调查评价工作[18-19]。这些规定为开展水资源条件分析评价提供了法律依据。2017年,中央1号文件明确要求,全面推行用水定额管理,开展县域节水型社会建设达标考核。实施第三次全国水资源调查评价[20]。由此可知,开展水资源条件分析十分必要,能够为水资源的有效管理、统一规划和优化配置提供科学依据。

1.2.2 水资源配置研究进展

水资源配置就是利用有限的水资源发挥最大的社会效益和经济效益。水资源配置研究经历从单纯的水量调配到水量水质联合配置,从单一水库调配到复杂水资源系统联合调配,从单纯满足用水户用水到追求社会公平、经济发展、生态和谐等多目标。

国外水资源配置研究,开始于20世纪40年代,Mases首次提出了水库优化调度问题[21]。1982年,Person等通过多水库控制曲线,以最大产值、输送能力和用水需求作为约束条件,采用两次规划法研究了英国Nawwa地区的水资源分配问题[22]。Taminga等,基于水的功能性和用水户利益关系,建立了多层次水资源配置模型[23]。1985年,Yeh等通过水库调度综述,将水资源配置方法划分为线性规划、动态规划、非线性规划和模拟优化技术[24]。1992年,Ray等在巴基斯坦地区建立了灌溉水量线性规划模型,得到了一定时期内区域作物耕地面积与优化的地下水开发量[25]。William采用最小供水成本线性规划法优化求解地表水与地下水配置[26]。Divakar等根据越南经济标准和水行业竞争关系,对湄南河流域水资源优化配置进行了研究[27]。Abolpour 等采用自适应神经模糊推理法构建流域水资源配置模型，提高了水资源利用效率[28]。Read 等利用功率指数法，通过探讨水资源配置最优性和稳定性间的差异，研究了里海地区水资源配置问题[29]。Roozbahani 等建立了基于区域社会、经济和环境协调的多目标水资源分配模型[30]。

20 世纪 60 年代，我国对水资源配置展开了研究，基于水库优化运行，实现区域经济效益最大化[31]。20 世纪 80 年代，陈铁汉研究了江西锦江流域水资源配置特征并提出流域水资源配置方案[32]。贺北方通过建立大型系统序列优化模型，提出了水资源大系统分解协调优化配置方法[33]。吴泽宁等建立了一个大系统多目标模型及其二阶分解协调模型，实现了三门峡经济区水资源优化配置和社会效益、经济效益最大化[34]。沈佩君等通过构建区域水资源管理调度和统一管理调度模型，实现了枣庄市多水源联合优化调度[35]。2004 年，王浩等为了协调干旱区生态环境与社会经济发展间的水资源供需矛盾，提出了干旱区水资源优化配置模型及求解算法[36]。同年，赵斌等将水质参数引入水资源优化配置模型中，从而提出了分水质供水模型[37]。2005 年，邵东国等针对郑州市郑东新区龙子湖水资源配置问题，参照经济学原理，提出了基于经济理论的区域水资源优化配置模型[38]。2008 年，王浩等对水资源配置成果与进展进行了详细梳理[39]。2009 年，李彦刚等根据宝鸡峡灌区水资源利用问题，以效益最大化为目标，建立了地表水与地下水联合调度模型，有效提高了灌区水资源利用率及其经济效益[40]。2012 年，刘年磊等针对城市水资源与水环境系统中存在的不确定性与复杂性，提出了模糊环境下基于可信性理论的 CFCCP 模型（可信性模糊机会约束规划模型），并将其应用于衡水市水资源优化配置模型研究中[41]。2013 年，梁士奎和左其亭以人水和谐为目标，在综合分析、合理确定区域取用水总量、用水效率和纳污能力"三条红线"控制指标的基础上，开展了水资源配置研究[42]。2014 年，张守平等阐述水量水质联合配置理论基础，构建了供需平衡、耗水平衡和基于水资源优化配置的水质模拟系统，提出了基于水功能区纳污能力的污染物总量分配优化模型[43]。2016 年，曾思栋等通过将水文及其伴随过程与水资源配置过程进行"在线"或"离线"形式的耦合，基于抽象概化规则框架的规则集合进行水资源配置模拟，形成较为通用的水文-水质-水生态-水资源系统配置模型。该模型能够较好地反映不同配置规则下的水资源分配过程，实现水量、水质、水生态要求的水资源综合配置[44]。2018 年，朱彩琳等在传统的水资源优化配置模型的基础上，增加了空间均衡的目标函数和约束条件，从而构建了面向空间均衡的水资源优化配置模型[45]。左其亭等在 2019 年将遥感技术与和谐论理论方法相结合，建立了新疆水资源适应性利用配置-调控模型的研究框架，该模型是以人水和谐度最大为目标，以水资源-经济社会-生态环境多维临界阈值及互馈关系方程、水循环方程等边界条件为约束的面向水资源适应性利用的多维临界和谐配置-调控模型[46]。李佳伟等采用治水新思想量化研究方法和多目标决策模型,将治水新思想以目标函数和约束条件的形式引入模型,构建了面向现代治水新思想的水资源优化配置模型[47]。2020年以来,考虑生活、生态、工业、农业等复合目标的水资源配置成为了学者们研究的热点[48-49]。

1.2.3　多水源联合调配研究进展

随着系统分析理论、优化技术运用和计算机技术的发展,模拟模型得到了广泛的应用,线性规划、动态规划、多目标规划、群决策和大系统利用等优化理论与模拟模型相结合,让水资源配置研究得到了迅猛的发展[50-51]。但对于水资源短缺、水污染加剧造成水资源供需矛盾突出的问题,传统的以供水量和经济效益为最大目标的水资源优化配置模式已不能满足需求,研究方向开始向水质保障和水资源环境效益安全倾斜,即在保证经济效益的同时,保持生态和社会环境的可持续发展,实现水资源的可持续利用[52-53]。联合国出版的《水与可持续发展准则:原理与政策方案》明确指出,水资源与经济社会紧密相连,其多行业属性和多用途特性使其在可持续发展过程中的水资源工程规划与实施变得极为复杂[54-55]。

随着系统工程理论的发展和社会经济发展,我国对水资源配置的需求变化也在不断变化,其研究范围由早期单纯的技术经济指标优化问题扩展为现今的多学科交叉、多维调控目标下的水资源配置问题。针对水资源优化配置的研究从初始的单一地表水分配,到地表水-地下水联合分配,而后在配置中增加了非常规水的使用;同时,配置目标也从供水效益最大化发展为水资源多维调控优化配置,水资源配置的范畴与口径得到了极大的增强[37]。我国"七五"攻关期间,开展了地表水和地下水的联合调控,同时考虑地表水与地下水间的动态转换关系,通过分析降水、地表水、土壤水、地下水的水循环结果,提出了"四水"间的转化规律和水资源供需分析的概念,对于提高水资源评价精度和合理指导水资源开发利用具有实用价值。由于未考虑水资源具有的生态环境和社会属性,忽略了水资源供需与区域经济发展、生态环境保护之间的动态协调[56-57]。"九五"攻关期间,我国西北地区由于水资源过度利用带来的生态环境问题越演越烈,经济发展、生态环境和水资源开发利用间的协调问题得到了重视,《西北地区水资源合理开发利用与生态环境保护》课题首次将水资源配置的范围扩展到了社会经济-生态环境-水资源多维系统中,通过综合评估水资源承载能力、生态环境保护需求并探究西北干旱半干旱地区水循环转换机理,实现了对西北地区水资源的合理配置,即得到了生态环境和社会经济系统耗水各占50%的用水格局,为面向生态的水资源配置研究奠定了理论基础[58-60]。2015年,高亮等在多水源分析基础上，研究了城市的多水源优化配置问题[61-62]。刘争胜等以鄂尔多斯市为典型地区，重点研究了矿井水、微咸水、岩溶水、潜流和雨水等多种非常规水源的综合利用，为我国缺水地区多水源配置提供了一定参考[63]。2016 年以来，学者们主要针对多水源优化配置方法与模型展开了大量研究，丰富了区域多水源配置理论体系[64-66]。随着跨流域与流域内调水工程的开通运行，考虑调水水量的多水源联合调配将是近几年的研究重点，提出科学、合理的多水源联合调配模式对于保障区域供水安全具有重要作用[67-68]。

1.3 研 究 目 标

由于湿润区与干旱区的水资源管理存在异同性，针对新形势下黄河流域不同干旱区域水资源管理这个热点问题，选择黄河上游典型湿润区与干旱区为研究对象，基于近期下垫面条件，全面分析黄河上游典型区域地表水与地下水补、径、排条件及其"三水"转化规律，进一步摸清区域水资源量与质分布情况，估算其水资源可利用总量，获知流域典型湿润区与干旱区水资源条件，探究其可能存在的问题；开展研究区需水预测，通过构建多水源联合调配模型，提出具有针对性、代表性的区域或流域多水源联合调配模式，为优化黄河水资源管理流程、提高黄河水资源科学配置和合理开发利用水平提供科技支撑。

第 2 章

研究区概况

2.1 四川阿坝州黄河流域（湿润区）概况

2.1.1 地理位置

阿坝州位于青藏高原东南缘，四川省西北部，地理坐标在东经 $100°0'\sim$ $104°7'$，北纬 $30°5'\sim34°9'$。北和西北与甘肃、青海交界，东和东南与绵阳、德阳、成都市相邻，南和西南与雅安市接壤，西与甘孜州相连。南北长约 414km，东西宽约 360km，面积为 $84242km^2$。阿坝州黄河流域涵盖阿坝县、若尔盖县、红原县、松潘县 4 县，位于东经 $101°6'53''\sim104°15'8''$ 和北纬 $32°6'44''\sim$ $34°18'54''$。

2.1.2 地形地貌

阿坝州黄河流域境内地表整体轮廓为典型高原，地势高亢，高原由丘状高原面和分割山顶面组成。平均海拔为 $3500\sim4000m$。山势南高北低，河谷地势西北高、东南低，山川呈西北至东南走向。根据区内地貌差异和分布状况，可分为高原和山地峡谷，高原包括高平原、丘状高原、高山原。山地峡谷主要有低中山、中山、高山、极高山和山原，其间分布平坝或台地。

2.1.3 河流水系

2.1.3.1 河流

黄河发源于青海省巴颜喀拉山麓的约古宗列盆地。黄河从河源而下，向南东方向经青海的玛多、达日、岗龙、门堂、木西合（甘肃），到达四川阿坝州边缘，经四川省阿坝县、若尔盖县后，于玛曲县黑河口处出境进入甘肃境内，阿坝州黄河流域总面积为 1.7 万 km^2。流域面积大于 $50km^2$ 的河流有 123 条。阿坝州境内黄河一级支流有黑河、白河、贾曲、玛尔莫曲、夏容曲、沙柯、沃木曲7条（表2.1）。

表2.1 阿坝州黄河流域主要河流

河流名称		河流长度/km	流域面积/km²	河口流量/(m/s)	流 经 县
黄河（干流）		174	16960	479	阿坝县、若尔盖县
一级支流	黑河	456	7769	79.8	红原县、若尔盖县
	白河	303	5346	73.3	红原县、阿坝县、若尔盖县
	贾曲	136	2005	25.6	阿坝县、红原县
	玛尔莫曲	46	563	5.36	若尔盖县
	夏容曲	26	501	5.24	阿坝县
	沙柯	36	270	2.79	阿坝县
	沃木曲	37	180	1.71	阿坝县、若尔盖县

1. 黑河

黑河为黄河右岸一级支流，又称墨曲、麦曲、洞亚恰、若尔盖河。发源于四川红原县与松潘县交界处的山冈，流经若尔盖县，西入玛曲县境，至曲果果芒汇入黄河。黑河阿坝州境内河长为456km，流域面积为7769km²。黑河属常年河，流速缓慢，水流平稳，便于开发利用。枯季一般在2月底3月初，平均最小流速为0.2m/s左右；汛期最大平均流速为0.9～1.0m/s，最大流量为140m³/s。黑河的洪水，由于草地与湖泊沼泽的调蓄作用，使洪水过程具有"涨缓落慢"的特点。洪峰流量较小，但洪水总量较大。黑河的一级支流（及黄河二级支流）有热曲、达水曲。热曲发源于红原县东北隅山冈，在若尔盖县汇入黑河，河长为186km，流域面积为1205km²；达水曲发源于四川阿坝州若尔盖县和甘肃甘南迭部县交界处山冈，西流于若尔盖县汇入黑河，河长为92km，流域面积为1317km²。

2. 白河

白河为黄河右岸一级支流。又称嘎曲、安曲。位于黑河之西，因地势稍高，泥炭出露不明显，且唐克、红原附近还有局部沙丘，水较黑河为清，故称白河。发源于四川省阿坝州红原县与马尔康市交界处山冈。流经阿坝县，于若尔盖县汇入黄河。河长为303km，流域面积为5346km²。白河属常年河。径流深度为361.2mm。上游因地势低平，水量较大，沼泽发育，河道比较窄小曲折，反流现象极多，下切较深，支流较多；中下游排水状况比较好，沼泽化程度较轻。白河一级支流（黄河二级支流）有阿木柯，发源于四川省阿坝州红原县羊拱山北支，于阿木乡汇入白河，河长为120km，流域面积为1321km²。

3. 贾曲

贾曲为黄河右岸一级支流，发源于四川省阿坝州阿坝县与红原县交界处山岭，向北汇入黄河，贾曲下游为阿坝县与甘肃省甘南藏族自治州玛曲县之界河。河长为 136km，流域面积为 2005km²。

4. 玛尔莫曲

玛尔莫曲为黄河右岸一级支流。发源于四川省阿坝州若尔盖县黑青乔沼泽区，向西北汇入黄河。河长为 46km，流域面积为 563km²。

5. 夏容曲

夏容曲为黄河右岸一级支流，发源于青海省果洛州久治县与四川省阿坝州阿坝县交界处山岭。北转东流纳众支沟入阿坝县境，于川甘边界处汇入黄河。阿坝州境内河长为 26km，流域面积为 501km²。

6. 沙柯

沙柯为黄河右岸一级支流。发源于四川省阿坝州阿坝县北隅加绒拉日山岭北麓。北流入草地沼泽，入青海省果洛州久治县境后，向东北于阿坝县汇入黄河。阿坝州境内河长为 36km，流域面积为 270km²。

7. 沃木曲

沃木曲为黄河右岸一级支流。发源于阿坝县洛尔斗尼亚格玛尔山冈。北流左纳支沟，入若尔盖县境，向北汇入黄河。阿坝州境内河长为 37km，流域面积为 180km²。

2.1.3.2　湖泊

阿坝州黄河流域主要湖泊有哈丘湖、措拉坚湖，位于若尔盖县城西北部，在若尔盖县自然保护区内，黑河一级支流达水曲流域，两湖相邻，自然状况基本相同。哈丘湖面积为 6.06km²，措拉坚湖面积为 2.6km²，湖泊沼泽化明显，水质较差，浑浊，腐殖质含量较高。由于地面平坦低洼，水流不畅，形成大面积沼泽，有的地段人、畜不能通行，但为水生动物特别是水禽提供了良好的栖息场所。两个湖区风景优美，水生野生动植物丰富多样。

2.1.4　气候特征

阿坝州黄河流域属高原型季风气候，地域差异显著。阿坝州境内垂直气候显著，冬季寒冷而漫长，夏季北部温凉、南部温热且短暂，大部分地区春秋季相连，干雨季分明。光照充沛，昼夜温差大，无霜期短。冬春季节空气干燥，多阵性大风，旱、霜、雪、低温、大雪各类灾害性天气频繁。全州属于高原季风气候，分高山、山原、高山河谷三种气候类型。全州平均气温为 9.3℃，较常年同期（8.2℃）偏高 1.1℃；年总降水量平均为 704.9mm，较常年（665.1mm）偏多 6%；日最大降水量为 65.8mm；年日照时数 1920.5h，较历年（1981.4h）偏少 3%。

2.1.5　矿产资源

阿坝州蕴藏的矿产资源丰富。尤其以锂、铍等稀有金属、贵金属矿、锰黑色金属矿等为优势矿种，保有资源储量较大，在省内优势明显。

据阿坝州第三次矿产资源规划资料，阿坝州已发现矿种 26 个，其中大型矿床 4 处，小型矿床 30 处。现已查明和开发利用的矿种有 21 种，其中金属矿产 5 种，非金属矿产 16 种。金属矿产包括金矿、铜矿、锂矿、铁矿、锰矿等，非金属矿产包括白云岩、石英岩、硅石、石榴子石、石灰岩、花岗岩、大理岩、滑石、页岩、矿泉水、地热、建筑用砂、砖瓦用黏土等。阿坝州黄河流域矿产主要分布在若尔盖县和松潘县。阿坝州金矿资源储量（金属量）为 137628.69kg，主要集中于松潘县、若尔盖县；锰矿查明资源储量为 20488.6 千 t，主要集中在松潘县。

2.1.6　水土流失

根据《全国水土保持规划国家级水土流失重点预防区和重点治理区复核划分成果》（办水保〔2013〕188 号），阿坝州黄河流域纳入金沙江岷江上游及三江并流国家级水土流失重点预防区。根据《四川省水土保持规划（2015—2030年）》区域防治布局，黄河流域划为若尔盖丘状高原生态维护水源涵养区。流域水土流失类型以风力侵蚀和水力侵蚀为主，另有少量面积的冻融侵蚀。根据水利部第一次全国水利普查水土保持普查成果和现场补充调查，阿坝州黄河流域水土流失总面积为 6820.68km²，其中风力侵蚀面积为 6380.16km²，占水土流失总面积的 93.54%；水力侵蚀面积为 440.52km²，占水土流失总面积的 6.46%。

近十几年来，流域内各县政府及其相关部门水土保持法律法规意识和生态文明理念得到不断提升，在国家和省级、地方财政资金的大力投入下，各县全面实施天然林保护、退耕还林（草）、草原建设、沙化和水土流失治理等生态工程，通过治理，流域内土壤侵蚀强度显著降低，林草植被覆盖度逐步增加，生态环境明显趋好，水源涵养能力日益增强。

2.2　宁夏中卫市（干旱区）概况

2.2.1　地理位置

中卫市位于宁夏回族自治区中西部，地处宁夏、内蒙古、甘肃三省（自治区）交汇处，东与吴忠市红寺堡区、同心县、青铜峡市接壤，南与固原市原州区、西吉县相连，西与甘肃省白银市平川区、靖远县、会宁县、景泰县交界，北与内蒙古自治区阿拉善盟阿拉善左旗毗邻，地处东经 $104°17'$～$106°10'$，北纬 $36°59'$～$37°43'$，东西长约 130km，南北宽约 180km，总面积为 1.74 万 km^2，全市辖沙坡头区、中宁县和海原县。

2.2.2 地形地貌

中卫市地形复杂，地势西南高、东北低，境内海拔为 1100～2955m，市区平均海拔 1225m。全市地貌类型分为黄河冲积平原、台地、沙漠、山地与丘陵五大单元。北部为低山与沙漠，其中西北部腾格里沙漠边缘卫宁北山面积为 1221.33km^2，占全市总面积的 7%；中部为黄河冲积平原，其中卫宁平原为 1029.41km^2，占全市面积的 5.9%；位于山区与黄河南岸之间的台地 610.67km^2，占全市面积的 3.5%；南部地貌多属黄土丘陵沟壑，是我国水土流失较为严重的地区之一，南部陇中山地与黄土丘陵面积 14586.20km^2，占全市总面积的 83.6%。

2.2.3 河流水系

中卫市主要河流有黄河干流及清水河、祖厉河、红柳沟等黄河支流，腰岘子沟、高崖沟、长流水沟等一级支沟。

沙坡头区境内主要有黄河干流及腰岘子沟、高崖沟、长流水沟等一级支沟 58 条。黄河自西北侧黑山峡入境，自西南向东北流过，于胜金关入中宁县，过境流程 114km。

中宁县境内有黄河干流及其支流清水河、红柳沟，在中部干旱带发挥了排洪作用，常年有水，但水质较差，矿化度在 4.0g/L 左右。

海原县境内主要有清水河、祖厉河。海原县境内绝大部分河谷流水均注入清水河，包括西河流域（园河、麻春河、贺堡河、杨坊河、马营河、沙沟河）、中河流域（杨明河）、苋麻河流域（撒台河、郑旗河）及清水河中上游李旺、七营、三河段河岸短沟，流域面积为 4541km^2。祖厉河分布在关庄乡西南地区，包括大路沟、大西沟、小西沟、胡儿岔沟和宋家庄沟 5 条，流域面积为 84km^2。

2.2.4 气候特征

中卫市深居内陆，靠近沙漠，属温带干旱气候区，具有典型的大陆性季风气候和沙漠气候的特点。因受沙漠影响，日照充足，昼夜温差大，干旱少雨，蒸发强烈，具有春暖迟、秋凉早、夏热短、冬寒长、雨雪稀少、风大沙多等特点。

中卫市年均日照时数3012h，太阳辐射强，年平均气温为8.2～10℃，其中1月最低；年均无霜期为159～169d；多年平均降雨量为192.9mm左右，以7—9月最多，降水时空分布不均匀；年平均蒸发量为1762.9mm，为年降水量的9.1倍；全年盛行西北风，年平均风速为2.6m/s，年均沙尘暴日数为12～18d。

2.2.5 土壤植被

中卫市土壤类型以灰钙土、风沙土为主，还有少量灰褐土、新积土、灌淤土、潮土、盐土、石质土、粗骨土等分布于市域内。灰钙土是在干旱气候和荒漠草原植被下形成的地带性土壤，腐殖质含量低，土壤中碳酸钙以斑块状沉积形成钙积层；风沙土基本为固定风沙土，主要分布在荒漠地带。灰钙土和风沙土土壤团粒结构性差，有机质含量低，抗蚀性能差，极易造成风蚀和水蚀。

中卫市大部分区域的自然植被以荒漠草原植被和干草原植被为主。沙坡头区植被主要有荒漠草原植被、草原化荒漠植被、干荒漠草原植被三种类型，荒漠草原主要分布在黄河以南山区，总面积为2120km^2，多为黄土丘陵山地；草原化荒漠植被主要分布在黄河以北的大部分山区和三井、景庄南部，面积为887km^2，大部分为丘陵和固定沙丘；干荒漠草原主要分布在定北墩周围，面积为24km^2，多为固定半固定沙丘。中宁县以荒漠草原植被为主，属典型的刺旋花＋短花针茅＋猫头刺＋红沙草场类型。海原县的植被为地带性草原植被，主要有干草原植被，绝大部分分布在海原南部；荒漠草原植被绝大部分分布在海原北部；盐生植被分布在盐湖周围。

2.2.6 矿产资源

中卫市境内矿产资源种类众多，储量丰富，主要有煤炭、石膏、硅石、黏土、石灰岩及金、银、铜、铁等20多种，其中石膏储量约70亿t，居全国第二位。国家重点项目"西气东输"工程横穿全境。

第 3 章

水资源条件分析

3.1 水资源分区与特征分析方法

3.1.1 水资源分区原则

水资源的开发利用受自然、气候、人口、资源、环境、经济等因素的影响和制约，为了因地制宜、切合实际地利用水资源，促进各地区经济社会发展和生态环境的良性维持，实现水资源的可持续利用，需要根据各地的实际情况和特点，划分区域，针对不同情况，研究提出水资源开发、利用、节约、保护以及管理的措施和方案。

水资源分区的原则为：

（1）保持主要水系的整体性，为水资源条件分析、水资源开发利用评价以及供需平衡、水资源配置服务。

（2）水资源分区要以利于对流域水系的水资源量及水资源利用进行分析计算。

（3）重视自然地理，包括气候、地形、地貌等条件，基本上能反映地表水资源条件的地区差别，且同一区域内自然地理条件（地形、地貌、水文、气象）、生态环境条件、水资源开发利用条件、水资源开发利用的方向基本相同。

（4）适当保持行政区划的完整性，并考虑水资源管理的要求。

（5）考虑水系不同的水文特点及重要水文站的控制作用，并考虑已建工程和规划项目。

3.1.2 四川阿坝州黄河流域（湿润区）水资源分区

根据水资源分区原则，四川阿坝州黄河流域水资源一级区划分为 1 个，为阿坝州黄河流域（Q）；水资源二级区划分为 4 个，分别为黄河干流及诸小支流分区（Q1）、贾曲分区（Q2）、白河分区（Q3）、黑河分区（Q4）；水资源三级区划按照分区套县分为 9 个。阿坝州黄河流域水资源分区见表 3.1。

表 3.1　　　　　　　　　阿坝州黄河流域水资源分区

水资源分区		行政区划		面　积 /km²
分　区	编码	县（区）	编码	
黄河干流及诸小支流	Q1	阿坝县	Q1－01	975
		若尔盖县	Q1－02	866
		小　计		1841
贾曲	Q2	阿坝县	Q2－01	2005
		小　计		2005
白河	Q3	红原县	Q3－01	4378
		阿坝县	Q3－02	496
		若尔盖县	Q3－03	472
		小　计		5346
黑河	Q4	红原县	Q4－01	2225
		松潘县	Q4－02	50
		若尔盖县	Q4－03	5493
		小　计		7768
县级行政区		阿坝县		3476
		红原县		6603
		松潘县		50
		若尔盖县		6831
合　计				16960

3.1.3　宁夏中卫市（干旱区）水资源分区

根据水资源分区原则，中卫市水资源一级区划分为 1 个，为中卫市（Q）；水资源二级区划分为 5 个，分别为引黄灌区分区（Q1）、黄左分区（Q2）、黄右分区（Q3）、甘塘内陆区分区（Q4）、清水河分区（Q5）；水资源三级区划按照分区套县分为 11 个。中卫市水资源分区见表 3.2。

表 3.2　　　　　　　　　中卫市水资源分区

水资源分区		行政区划		面　积 /km²
分　区	编码	县（区）	编码	
引黄灌区	Q1	沙坡头区	Q1－01	446
		中宁县	Q1－02	477
		小　计		923

水资源分区		行政区划		面 积 /km²
分 区	编码	县（区）	编码	
黄左	Q2	沙坡头区	Q2-01	793
		中宁县	Q2-02	660
		小 计		1453
黄右	Q3	沙坡头区	Q3-01	2780
		中宁县	Q3-02	393
		海原县	Q3-03	80
		小 计		3253
甘塘内陆区	Q4	沙坡头区	Q4-01	407
		小计		407
清水河	Q5	沙坡头区	Q5-01	912
		中宁县	Q5-02	1660
		海原县	Q5-03	4921
		小 计		7493
县级行政区		沙坡头区		5338
		中宁县		3190
		海原县		5001
合 计				13529

注 本次评价红柳沟（中宁县）计入黄右中宁县；祖厉河（海原县）计入清水河海原县。

3.1.4 水资源特征分析方法

（1）均值。均值可以反映一个时间序列 X 的集中趋势，反映该序列整体水平的高低[69]。

$$\bar{x} = \frac{x_1 + x_2 + x_3 + \cdots + x_n}{n} \tag{3.1}$$

（2）极值比。极值比可以反映时间序列的年际变化特征，其值越大，说明年际变化幅度也越大[70]。

$$K = \frac{x_{\max}}{x_{\min}} \tag{3.2}$$

（3）突变点分析。有序聚类法通过推求最优分割点（最可能干扰点），使同类之间离差平方和最小，不同类之间的离差平方和较大[71]。具体计算如下：

序列 x_t，其中 $t = 1, 2, \cdots, n$，满足式（3.3）：

15

$$S_n^* = \max_{1 \leqslant \tau \leqslant n} \left\{ S_n(\tau) = \sum_{t=1}^{\tau} (x_t - \overline{x_\tau})^2 + \sum_{t=\tau+1}^{n} (x_t - \overline{x_{n-\tau}})^2 \right\} \qquad (3.3)$$

其中，满足该条件的可能分割点 τ，即为最可能干扰点 τ_0（可能变异点）。

有序聚类法与 T 检验法均是时间序列的突变点检验的常用方法，运用有序聚类法可以方便的找出时间序列中的最优分割点，但是却无法给出该点的置信度；T 检验法则只能对确定的一点进行检验。为了结合两者的优点，本书采用以下方法进行突变点检验：

1）通过有序聚类法求出时间序列的最优分割点，若通过 T 检验法则认为该点为时间序列的突变点。

2）按照 1）中求得的突变点，将时间序列分割成两部分。

3）重复 1），最终求得所有的突变点。

（4）M－K 检验法［Mann－Kendall 检验（趋势检验）法］。M－K 检验法用于检验序列变化趋势的显著性[72]。假定 $x_1，x_2，\cdots，x_n$ 为一独立平稳时间序列，则 M－K 检验的统计量 S 定义为

$$\begin{cases} S = \sum_{i=1}^{n-1} \sum_{j=i+1}^{n} \mathrm{sgn}(x_j - x_i) \\ \mathrm{sgn}(\theta) = \begin{cases} 1, & \theta > 0 \\ 0, & \theta = 0 \\ -1, & \theta < 0 \end{cases} \end{cases} \qquad (3.4)$$

在不考虑序列中等值数据点的情况下，统计量 S 近似服从正态分布，其均值方差为

$$\begin{cases} E[S] = 0 \\ \mathrm{var}(S) = \dfrac{n(n-1)(2n+5)}{18} \end{cases} \qquad (3.5)$$

当 $n > 10$，标准化的检验统计量 Z 可以下式计算：

$$Z = \begin{cases} \dfrac{S-1}{\sqrt{\mathrm{var}(S)}}, & S > 0 \\ 0, & S = 0 \\ \dfrac{S+1}{\sqrt{\mathrm{var}(S)}}, & S < 0 \end{cases} \qquad (3.6)$$

在双侧检验中，显著水平为 α，如果 $|Z| > Z_{(1-\alpha/2)}$，则拒绝无显著趋势的原假设，即认为序列 x_i 存在显著上升或下降的趋势；否则接受原假设，认为序列 x_i 无显著趋势。$Z > 0$ 时，表示增加趋势，$Z < 0$ 时，表示减少趋势；$|Z|$ 分别不小于 1.28、1.64（1.96）和 2.32 时，说明分别通过了置信度 90%、95% 和 99% 的显著性检验。

3.1.5 水资源量计算方法

3.1.5.1 河川径流量计算

受水利工程、用水消耗等影响，水文站的实测径流量已不能代表天然状况。为使河川径流量计算成果能反映天然情况，提高资料系列的一致性，需要对测站以上受人类活动影响部分水量进行还原计算，将实测系列还原成天然径流系列。径流还原计算采用逐项还原法，即水文站控制断面天然径流量为实测径流量和还原水量两者之和。还原项目包括农业灌溉用水量、一般工业用水量、综合生活用水量。

单站河川天然径流量计算，采用下式计算[73]：

$$W_{天然} = W_{实测} + W_{还原} \tag{3.7}$$

$$W_{还原} = W_{地表用水耗损量} + W_{分洪} + W_{库蓄} \tag{3.8}$$

$$W_{地表用水耗损量} = W_{农灌} + W_{工业} + W_{生活} + W_{生态} + W_{引水} \tag{3.9}$$

式中：$W_{天然}$ 为水文断面河川天然径流量，m^3；$W_{实测}$ 为水文断面实测径流量，m^3；$W_{还原}$ 为水文断面以上还原水量，m^3；$W_{地表用水耗损量}$ 为地表用水耗损量，m^3，$W_{农灌}$ 为农业灌溉耗水量，m^3；$W_{工业}$ 为工业耗水量，m^3；$W_{生活}$ 为生活耗水量（包括城镇居民用水、农村居民用水、城镇公共用水等），m^3；$W_{生态}$ 为生态耗水量，m^3；$W_{引水}$ 为跨流域（或跨区间）引水量，引出为正，引入为负，m^3；$W_{分洪}$ 为河道分洪决口水量，分出为正，分入为负，m^3；$W_{库蓄}$ 为大中型水库蓄水变量，增加为正，减少为负，m^3。

3.1.5.2 地表水资源量计算

有水文站的河流，按实测径流还原后的同步系列推求多年平均年径流量，再加上水文站至出山口未控区间根据径流深等值线图量算的产水量，即为河流出山口多年平均年径流量。没有水文站控制的河流，用相似流域降水-径流关系、面积比或径流深等值线图计算年径流量。在单站同步期系列期间平均天然年河川径流量计算的基础上，选取集水面积为 $300\sim5000km^2$ 的水文站的年径流深均值作为主要点据，结合流域地形地貌等自然地理特征，并参考以往水资源评价绘制的多年平均径流深等值线图，根据等值线图推算各分区多年平均地表水资源量[74]。

3.1.5.3 地下水资源量计算

地下水是指赋存于地面以下饱水带岩土空隙中的重力水。本次研究的地下水资源量是指与当地降水和地表水体有直接水力联系、参与水循环且可以逐年更新的动态水量，即浅层地下水资源量。参考近期宁夏水资源调查评价平原区和山丘区划分成果，结合中卫市地貌特征，细化地下水资源量计算分区，进一步核定地下水各计算参数、资源量及分布、开采利用条件等基础资料，采用水均衡法，对区内地下水各补给量、排泄量、储存量以及可开采量进行计算、评价。先按水文地质单元评价地下水资源的补给、排泄量，再将其归并到各水资源计算分区。

汇总单元地下水资源量采用平原区与山丘区的地下水资源量相加，再扣除两者间重复计算量的方法计算。

$$Q_{区域}=Q_{平原区}+Q_{山丘区}-Q_{重复} \qquad (3.10)$$

式中：$Q_{平原区}$ 为平原区地下水资源量，m^3；$Q_{山丘区}$ 为山丘区地下水资源量，m^3；$Q_{重复}$ 为平原区与山丘区间地下水重复计算量，m^3。中卫市平原区与山丘区的重复计算量为山前侧向补给量，既作为排泄量计入山丘区的地下水资源量（即山前侧向流出量部分），又作为补给量计入平原区的地下水资源量，在计算区域总量时需扣除。

其中，平原区补给量与排泄量计算公式为：

（1）平原区补给量计算。平原区浅层水的补给项一般包括降水入渗补给量、地表水体补给量（渠系渗漏补给量＋渠灌田间渗漏补给量）、山前侧向补给量、井灌回归补给量，各项补给量之和为总补给量。

1）降水入渗补给量（P_r）。降水入渗补给量是指降水（包括坡面漫流和填洼水）渗入到土壤中并在重力的作用下渗透补给地下水的水量。逐年降水入渗补给量采用下式计算：

$$P_r=\alpha PF10^{-1} \qquad (3.11)$$

式中：P_r 为降水入渗补给量，万 m^3；α 为降水入渗补给系数；P 为平均降水量，mm；F 为降水入渗计算面积，km^2。

2）渠系渗漏补给量（$Q_{渠系}$）。渠系是对干、支、斗、农各级渠道的统称。渠系水位一般均高于其岸边的地下水水位，故渠系水一般均补给地下水。渠系水补给地下水的水量称为渠系渗漏补给量。本次计算渠系渗漏补给量（$Q_{渠系}$）为干、支两级渠道的渗漏补给量。按下式逐年计算，再求取平均值。

$$Q_{渠系}=mQ_{渠} \qquad (3.12)$$

式中：$Q_{渠系}$ 为渠系渗漏补给量，m^3；m 为渠系渗漏补给系数；$Q_{渠}$ 为渠道引水量，m^3。

3）渠灌田间入渗补给量（$Q_{渠灌}$）。渠灌田间入渗补给量是指渠灌水进入田间后，入渗补给地下水的水量。按照本次研究要求，斗、农渠道的渗漏补给量纳入渠灌田间入渗补给量。渠灌田间入渗补给量利用下式逐年计算：

$$Q_{渠灌}=\beta Q_{渠田} \qquad (3.13)$$

式中：$Q_{渠灌}$ 为渠灌田间入渗补给量，m^3；β 为渠灌田间入渗补给系数；$Q_{渠田}$ 为渠灌进入田间的水量，m^3。

4）井灌回归补给量（$Q_{井灌}$）。井灌回归补给量是指用于农业灌溉的地下水开采量（系浅层地下水）进入田间后，入渗补给地下水的水量，井灌回归补给量包括井灌水输水渠道的渗漏补给量。利用下式计算：

$$Q_{井灌} = \beta_{井} Q_{井田} \tag{3.14}$$

式中：$Q_{井灌}$ 为井灌回归补给量，m^3；$\beta_{井}$ 为井灌回归系数；$Q_{井田}$ 为井灌进入田间的水量，m^3。

5）山前侧向补给量（$Q_{山前侧}$）。山前侧向补给量是指发生在山丘区和平原区交界面上，山丘区地下水以地下潜流形式补给平原区浅层地下水的水量。山前侧向补给量采用剖面法利用达西公式计算：

$$Q_{山前侧} = KIALT10^{-1} \tag{3.15}$$

式中：$Q_{山前侧}$ 为侧向补给量，m^3；K 为含水层渗透系数，m/d；I 为垂直于剖面的水力坡度；A 为单位长度剖面面积，m^2；L 为计算长度，km；T 为年计算时间，d。

在计算过程中，遵循以下技术要求：

a. 水力坡度 I 与剖面相垂直，不垂直时，根据剖面走向与地下水流向间的夹角，对水力坡度 I 值按余弦关系进行换算；剖面位置尽可能靠近补给边界（山丘区与平原区界限）。

b. 在计算多年平均山前侧向补给量时，水力坡度 I 值采用2001—2016年的多年平均值。

c. 切割剖面的底界采用当地浅层地下水含水层的底板；沿山前切割的剖面线一般为折线，分别计算各折线段剖面的山前侧向补给量，并以各分段计算结果的总和作为全剖面的山前侧向补给量。

（2）平原区排泄量计算。排泄量主要包括潜水蒸发量、河道排泄量和地下水实际开采量，部分地区包含其他排泄量（如矿坑排水量等），各项排泄量之和为总排泄量。其中地下水实际开采量为调查、统计的量。

1）潜水蒸发量（E）。潜水蒸发量是指潜水在毛细管作用下，通过包气带岩土向上运动造成的蒸发量（包括棵间蒸发量和被植物根系吸收造成的叶面蒸散发量两部分）。采用潜水蒸发系数计算。

$$E = CE_0F10^{-1} \tag{3.16}$$

式中：E 为潜水蒸发量，m^3；C 为潜水蒸发系数；E_0 为平均水面蒸发量，mm/a，E601型蒸发器；F 为潜水蒸发计算面积，km^2，扣除村庄、道路、水面面积。

2）河道排泄量（R_g）。当河道内河水水位低于岸边地下水水位时，河道排泄地下水，排泄的水量称为河道排泄量，中卫市平原区河道排泄量主要为灌区排水沟排

泄地下水量和排泄到黄河水量。排水沟排泄量按基/径比值计算，计算式为

$$R_g = Q_沟 \delta \tag{3.17}$$

式中：R_g 为排水沟排泄地下水量，m^3/a；δ 为排水沟排泄地下水系数（基/径比）；$Q_沟$ 为排水沟的排水量，m^3/a。

黄河排泄量按达西公式计算，公式与山前侧向补给计算相同。

3.1.5.4 地下水可开采量计算

本次研究的地下水可开采量是指在保护生态环境和地下水资源可持续利用的前提下，通过经济合理、技术可行的措施，在近期下垫面条件下可从含水层中获取的最大水量。主要对矿化度 $M \leqslant 2g/L$ 的浅层地下水可开采量进行评价。中卫市此次主要采用可开采系数法计算多年平均地下水可开采量，总体原则为"综合分析，从严选用，严控可采量"。按下式计算分析单元多年平均地下水可开采量：

$$Q_{可开采} = \rho Q_{总补} \tag{3.18}$$

式中：ρ 为分析单元的地下水可开采系数，无量纲；$Q_{可开采}$、$Q_{总补}$ 分别为分析单元的多年平均地下水可开采量、多年平均地下水总补给量，m^3。

地下水可开采系数 ρ 是反映生态环境约束和含水层开采条件等因素的参数，结合近年地下水实际开采量及地下水埋深等资料，并经水均衡法或实际开采量调查法对典型单元核算后，合理选取地下水可开采系数成果。

3.1.5.5 水资源总量计算

一般意义上的水资源是指流域水循环中能够为生态环境和人类社会所利用的淡水，其补给来源主要为大气降水，赋存形式为地表水、地下水和土壤水，可通过水循环逐年得到更新。本次研究的水资源总量为地表水资源量与不重复量的和即为总资源量，其计算公式为

$$Q_{总水资源量} = Q_{地表水资源量} + Q_{地下水资源量} + Q_{重复量} \tag{3.19}$$

式中：$Q_{总水资源量}$ 为水资源总量，m^3；$Q_{地表水资源量}$ 为地表水资源量，m^3；$Q_{地下水资源量}$ 为地表下资源量，m^3；$Q_{重复量}$ 为地下水资源与地表水资源重复计算量，m^3。

3.2 四川阿坝州黄河流域（湿润区）水资源条件分析

3.2.1 降水与蒸发特征分析

3.2.1.1 降水

1. 降水量区域分布

采用若尔盖县、阿坝县、红原县等 6 个雨量站 1956—2016 年降水数据进行评估，结果显示：阿坝州黄河流域年均降水量为 113.62 亿 m^3（669.00mm）。

从水资源分区来看，黑河分区多年平均降水量最大，为 48.92 亿 m³（641.26mm），占流域总量的 43.06%；其次为白河分区，多年平均降水量为 40.32 亿 m³（768.11mm），占流域总量的 35.49%，随后为贾曲分区，其多年平均降水量为 13.11 亿 m³（638.21mm），占流域总量的 11.54%。多年平均降水量最小值出现在黄河干流及诸小支流分区，为 11.27 亿 m³（555.27mm），占流域总量的 9.92%。各分区降水量分析结果见表 3.3。

表 3.3　　　　　　阿坝州黄河流域水资源各分区多年平均
（1956—2016 年）降水量分析结果

水资源分区		行政区划		面积 /km²	年均降水量/mm	年均降水量/亿 m³	占流域总量/%
分区	编码	县（区）	编码				
黄河干流及诸小支流	Q1	阿坝县	Q1-01	975	605.08	6.24	5.49
		若尔盖县	Q1-02	866	503.25	5.03	4.42
		小　计		1841	555.27	11.27	9.92
贾曲	Q2	阿坝县	Q2-01	2005	638.21	13.11	11.54
		小　计		2005	638.21	13.11	11.54
白河	Q3	红原县	Q3-01	4378	769.69	35.33	31.10
		阿坝县	Q3-02	496	876.03	2.46	2.17
		若尔盖县	Q3-03	472	612.60	2.52	2.22
		小　计		5346	768.11	40.32	35.49
黑河	Q4	红原县	Q4-01	2225	804.63	17.18	15.12
		松潘县	Q4-02	50	852.12	0.44	0.39
		若尔盖县	Q4-03	5493	575.02	31.30	27.55
		小　计		7768	641.26	48.92	43.06
县级行政区		阿坝县		3476	653.49	21.82	19.20
		红原县		6603	781.12	52.51	46.22
		松潘县		50	852.12	0.44	0.39
		若尔盖县		6831	567.17	38.85	34.19
合　计				16960	669.00	113.62	100

从行政分区来看，红原县多年平均降水量最大，为 52.51 亿 m³（781.12mm），占流域总量的 46.22%；其次为若尔盖县，多年平均降水量为 38.85 亿 m³（567.17mm），占流域总量的 34.19%；随后为阿坝县，多年平均降水量为 21.82 亿 m³（653.49mm），占流域总量的 19.20%；最小多年平均降水量在松潘县，为 0.44 亿 m³（852.12mm），占流域总量的 0.39%。

2. 降水量年际变化

(1) 年际变化。通过分析阿坝州黄河流域 1956—2016 年年均降水量变化可知，流域内年均降水量极值比为 1.59，说明流域年降水量变化并不剧烈。图 3.1 显示，流域年降水量呈现微弱的下降趋势，利用 M-K 检验法计算，流域年均降水量未通过 0.01 和 0.05 显著性检验，说明阿坝州黄河流域 1956—2016 年年均降水量下降趋势不显著。采用滑动 T 检验法可知，流域年均降水量突变年份为 1985 年，突变结果通过 0.05 置信水平检验。

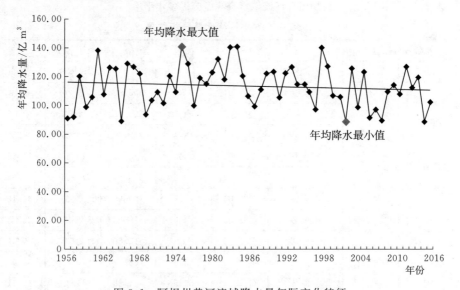

图 3.1　阿坝州黄河流域降水量年际变化特征

(2) 变差系数。降水量年变差系数 C_v 用来表征降水量的年际变化，变差系数 C_v 越大，降水量年际变化越大；显示降水量丰枯差异越显著。

从水资源分区来看，阿坝州黄河流域降水量 C_v 值为 0.13，黄河干流及诸小支流分区、贾曲分区、白河分区、黑河分区的降水量 C_v 值分别为 0.13、0.12、0.14、0.13，即水资源分区 C_v 值均为 0.11～0.15。由此，在四个水资源分区中，白河分区的降水量年际变化相对较大，降水量丰枯差异较为显著；贾曲分区的降水量年际变化相对较小，降水量丰枯差异较其他分区不显著。

从行政分区来看，阿坝县降水量 C_v 值为 0.12，红原县降水量 C_v 值为 0.15，松潘县降水量 C_v 值为 0.11，若尔盖县降水量 C_v 值为 0.14。由此，红原县的降水量年际变化相对较大，降水量丰枯差异较为显著；松潘县的降水量年际变化相对较小，降水量丰枯差异较其他县区不显著。

特别地，红原县白河流域和红原县黑河流域降水量 C_v 值均为 0.15，这都是由于红原县降水量年际变化相对较大的缘故。在水资源分区层面上，阿坝州黄

河流域降水量 C_v 值从黑河分区向贾曲分区减少，说明流域内降水量年际变化幅度呈现西南低、东北高的分布。在行政分区层面上，阿坝州黄河流域降水量 C_v 值从红原县和若尔盖县向阿坝县和松潘县减少，说明流域内降水量年际变化幅度呈现南北高、东西低的分布。

（3）极值比。阿坝州黄河流域降水量最大值为 141.01 亿 m^3，降水量最小值为 88.43 亿 m^3，极值比为 1.59。黄河干流及诸小支流分区、贾曲分区、白河分区、黑河分区的极值比分别为 1.68、1.56、1.95、1.89，其中降水量较大的白河和黑河分区极值比较大，说明白河分区降水量变化最为剧烈，其次为黑河分区，贾曲分区降水量变化程度最弱。

阿坝县、红原县、松潘县、若尔盖县降水量极值比分别为 1.56、1.98、1.69、1.85，说明红原县降水量变化最为剧烈，其次为若尔盖县，阿坝县降水量变化程度最弱。

阿坝州黄河流域各分区降水量及统计参数见表 3.4。

3. 降水量不同时段变化

对阿坝州黄河流域不同时段降水量进行评价。阿坝州黄河流域 1956—2016 年降水系列以 1980 年与 2000 年进行时段划分：1956—1980 年、1981—2000 年、2001—2016 年、1956—2000 年、1956—2016 年。各水资源分区和县级行政区不同时段的多年平均降水量成果见表 3.5、图 3.2 和图 3.3。

阿坝州黄河流域 1956—1980 年、1981—2000 年、2001—2016 年时段的多年平均降水量分别为 113.51 亿 m^3、119.08 亿 m^3 和 106.36 亿 m^3；1956—2000 年和 1956—2016 年时段的多年平均降水量分别为 115.99 亿 m^3 和 113.46 亿 m^3。1981—2000 年时段多年平均降水量比 1956—1980 年时段增加了 5.57 亿 m^3，而 2001—2016 年时段多年平均降水量比 1981—2000 年时段减少了 12.72 亿 m^3，比 1956—1980 年时段减少了 7.15 亿 m^3；同时，2001—2016 年时段多年平均降水量比 1956—2000 年时段减少了 9.63 亿 m^3。

黄河干流及诸小支流分区、贾曲分区、白河分区、黑河分区 1956—1980 年、1981—2000 年、2001—2016 年三个时段多年平均降水量按顺序均呈现先增后减的情况，即 1981—2000 年时段多年平均降水量较多。黄河干流及诸小支流分区 1981—2000 年时段多年平均降水量比 1956—1980 年时段增加了 0.53 亿 m^3，而 2001—2016 年时段多年平均降水量比 1981—2000 年时段减少了 0.37 亿 m^3；贾曲分区 1981—2000 年时段多年平均降水量比 1956—1980 年时段增加了 0.85 亿 m^3，而 2001—2016 年时段多年平均降水量比 1981—2000 年时段减少了 0.70 亿 m^3；白河分区 1981—2000 年时段多年平均降水量比 1956—1980 年时段增加了 2.55 亿 m^3，而 2001—2016 年时段多年平均降水量比 1981—2000 年时段减少了 7.83 亿 m^3；黑河分区 1981—2000 年时段多年平均降水量比 1956—1980

表 3.4

阿坝州黄河流域各分区降水量及统计参数

水资源分区		行政区划		面积 /km²	年均降水量		C_v	C_s/C_v	不同频率降水量 /亿m³				最大降水量 /亿m³	最小降水量 /亿m³	极值比
分区	编码	县(区)	编码		mm	亿m³			20%	50%	75%	95%			
黄河干流及诸小支流	Q1	阿坝县	Q1-01	975	605.08	6.24	0.12	2.00	7.60	6.89	6.24	5.54	8.39	5.37	1.56
		若尔盖县	Q1-02	866	503.25	5.03	0.14	2.00	6.36	5.39	4.88	4.33	7.32	3.96	1.85
		小　计		1841	555.27	11.27	0.13	2.00	13.62	12.47	11.27	10.08	15.71	9.33	1.68
贾曲	Q2	阿坝县	Q2-01	2005	638.21	13.11	0.12	2.00	14.82	13.44	12.17	10.79	16.35	10.47	1.56
		小　计		2005	638.21	13.11	0.12	2.00	14.82	13.44	12.17	10.79	16.35	10.47	1.56
白河	Q3	红原县	Q3-01	4378	769.69	35.33	0.15	2.00	38.96	34.78	30.90	26.08	45.74	23.05	1.98
		阿坝县	Q3-02	496	876.03	2.46	0.12	2.00	2.67	2.42	2.19	1.95	2.95	1.89	1.56
		若尔盖县	Q3-03	472	612.60	2.52	0.14	2.00	2.85	2.41	2.18	1.94	3.28	1.77	1.85
		小　计		5346	768.11	40.32	0.14	2.00	44.17	39.40	35.69	30.05	51.96	26.71	1.95
黑河	Q4	红原县	Q4-01	2225	804.63	17.18	0.15	2.00	18.94	16.91	15.02	12.68	22.24	11.21	1.98
		松潘县	Q4-02	50	852.12	0.44	0.11	2.00	0.47	0.42	0.39	0.34	0.54	0.32	1.69
		若尔盖县	Q4-03	5493	575.02	31.30	0.14	2.00	35.30	29.92	27.09	24.04	40.63	22.00	1.85
		小　计		7768	641.26	48.92	0.13	2.00	54.13	47.43	42.91	38.02	63.41	33.52	1.89
县级行政区		阿坝县		3476	653.49	21.82	0.12	2.00	25.10	22.76	20.60	18.27	27.68	17.73	1.56
		红原县		6603	781.12	52.51	0.15	2.00	57.90	51.68	45.93	38.76	67.97	34.26	1.98
		松潘县		50	852.12	0.44	0.11	2.00	0.47	0.42	0.39	0.34	0.54	0.32	1.69
		若尔盖县		6831	567.17	38.85	0.14	2.00	44.51	37.73	34.15	30.31	51.23	27.73	1.85
合　计				16960	669.00	113.62	0.13	2.00	126.35	113.82	101.80	89.04	141.01	88.43	1.59

表 3.5　　　　　　　不同时段阿坝州黄河流域各分区降水量分析结果

水资源分区		行政区划		年均降水量/亿 m³				
分区	编码	县（区）	编码	1956—1980年	1981—2000年	2001—2016年	1956—2000年	1956—2016年
黄河干流及诸小支流	Q1	阿坝县	Q1-01	6.72	7.15	6.79	6.91	6.24
		若尔盖县	Q1-02	5.48	5.58	5.57	5.52	5.03
		小　计		12.20	12.73	12.36	12.44	11.27
贾　曲	Q2	阿坝县	Q2-01	13.10	13.95	13.25	13.48	13.11
		小　计		13.10	13.95	13.25	13.48	13.11
白　河	Q3	红原县	Q3-01	35.34	37.69	29.99	36.38	35.33
		阿坝县	Q3-02	2.36	2.51	2.39	2.43	2.46
		若尔盖县	Q3-03	2.45	2.50	2.49	2.47	40.32
		小　计		40.15	42.70	34.87	41.28	17.18
黑　河	Q4	红原县	Q4-01	17.18	18.32	14.58	17.69	0.44
		松潘县	Q4-02	0.45	0.43	0.39	0.44	31.30
		若尔盖县	Q4-03	30.43	30.96	30.91	30.66	48.92
		小　计		48.06	49.70	45.88	48.79	21.82
县级行政区		阿坝县		22.18	23.62	22.43	22.82	52.51
		红原县		52.52	56.01	44.57	54.07	0.44
		松潘县		0.45	0.43	0.39	0.44	38.85
		若尔盖县		38.37	39.03	38.97	38.66	113.62
合　计				113.51	119.08	106.36	115.99	113.62

年时段增加了 1.64 亿 m³，而 2001—2016 年时段多年平均降水量比 1981—2000 年时段减少了 3.82 亿 m³。特别地，黄河干流及诸小支流分区、贾曲分区、白河分区和黑河分区 2001—2016 年时段多年平均降水量比 1956—2000 年时段分别减少了 0.08 亿 m³、0.23 亿 m³、6.41 亿 m³ 和 2.91 亿 m³。可以看出，主要支流白河与黑河多年平均降水量在 2001—2016 年时段内减少较为明显。

从行政分区上看，各县级行政区不同时段多年平均降水量呈现明显的差异性。阿坝县、红原县、若尔盖县 1956—1980 年、1981—2000 年、2001—2016 年三个时段多年平均降水量按顺序均呈现先增后减的情况，即 1981—2000 年时段多年平均降水量较多；而松潘县 1956—1980 年、1981—2000 年、2001—2016 年三个时段多年平均降水量按顺序呈现减少的情况。阿坝县 1981—2000 年时段多年平均降水量比 1956—1980 年时段增加了 1.44 亿 m³，而 2001—2016 年时段多年平均降水量比 1981—2000 年时段减少了 1.19 亿 m³；红原县 1981—2000 年时段多年平均降水量比 1956—1980 年时段增加了 3.49 亿 m³，而 2001—2016 年时段多年平均降水量比 1981—2000 年时段减少了 11.44 亿 m³；若尔盖县 1981—2000 年时段多年平均降水量比 1956—1980 年时段增加了 0.66 亿 m³，而 2001—2016 年时段多年平均降水量比 1981—2000 年时段减少了 0.06 亿 m³。可以看出，红原县 2001—2016 年时段多年平均降水量减少最为显著。松潘县 1981—2000 年时段多年平均降水量比 1956—1980 年时段增加了 0.02 亿 m³，而 2001—2016 年时段多年平均降水量比 1981—2000 年时段减少了 0.04 亿 m³。此外，阿坝县、红原县、松潘县 2001—2016 年时段多年平均降水量比 1956—2000 年时段分别减少了 0.39 亿 m³、9.5 亿 m³、0.05 亿 m³；若尔盖县 2001—2016 年时段多年平均降水量比 1956—2000 年时段增加了 0.31 亿 m³。

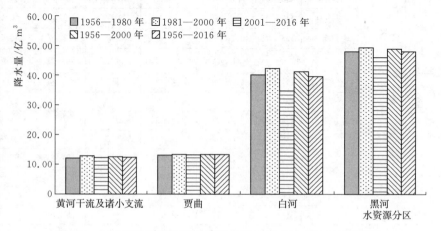

图 3.2　阿坝州黄河流域各水资源分区不同时段多年平均降水量

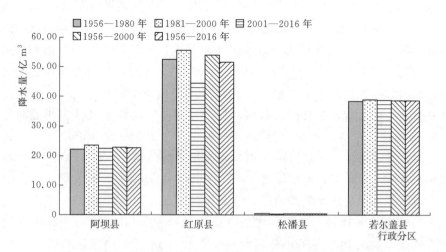

图 3.3　阿坝州黄河流域各县级行政区不同时段多年平均降水量

4. 降水量年内变化

阿坝州降水量年内分配受水汽条件和地理位置的影响，地区间降水年内分配存在差异，降水季节性变化也不尽相同。阿坝州春季为 3—5 月，夏季为 6—8 月，秋季为 9—11 月，冬季为 12 月到翌年 2 月。采用若尔盖站 1956—2016 年月均降水数据分析区域降水量年内变化特征。

结果显示，若尔盖站最大月均降水量出现在 7 月，为 120.87mm，占全年降水量的 18.41%；最小月均降水量出现在 12 月，仅为 3.44mm，占全年降水量的 0.52%。冬季是降水最少的季节，多年平均降水量为 18.88m，占全年降水量的 2.88%，最小月降水量几乎都出现在 1—2 月；夏季是降水较丰的季节，多年平均降水量为 326.44m，夏季降水量占全年降水量的 49.73%，最大月降水量几乎都出现在 6—8 月；秋季降水量为 169.55mm，占全年降水量的 25.83%；春季降水量为 141.52mm，占全年降水量的 21.56%。若尔盖站降水年内分布特征如图 3.4 所示。

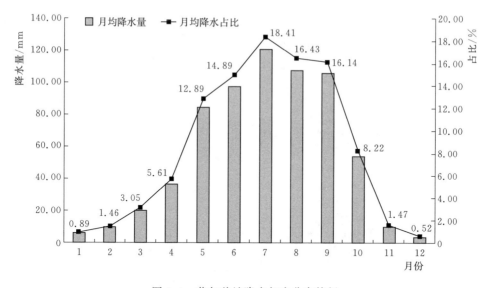

图 3.4 若尔盖站降水年内分布特征

通过 1956—2016 年季节年均降水变化趋势可知，阿坝州各季节的变化趋势并不一致，其中春季和冬季年均降水均呈现明显的上升趋势，夏季年均降水变化趋势不明显，秋季年均降水呈现明显的下降趋势。由此，推测阿坝州降水减少主要由秋季降水减少引起。若尔盖站不同季节年均降水变化趋势如图 3.5 所示。

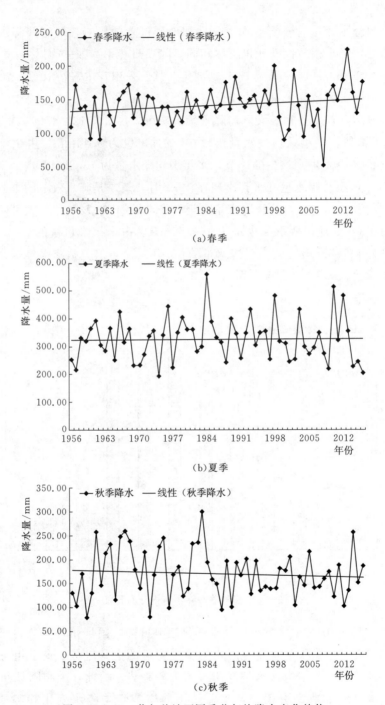

(a)春季

(b)夏季

(c)秋季

图 3.5（一） 若尔盖站不同季节年均降水变化趋势

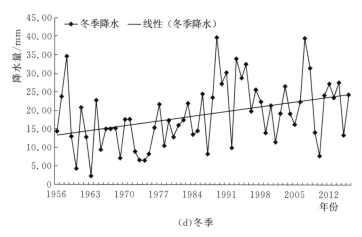

(d)冬季

图 3.5（二） 若尔盖站不同季节年均降水变化趋势

3.2.1.2 蒸发

利用若尔盖站 1996—2016 年蒸发量数据分析蒸发变化特征。采用气象学标准划分季节，即 3—5 月为春季，6—8 月为夏季，9—11 月为秋季，12 月至翌年 2 月为冬季。气象站信息可见表 3-6。

表 3.6 阿坝州黄河流域气象站信息

站 点	纬度（N）	经度（E）	海拔/m
若尔盖	33°35′	102°58′	3441.1

1996—2016 年，若尔盖站多年平均蒸发量为 815.32mm，最大值出现在 2006 年的 916.5mm，最小值出现在 1995 年的 755.7mm，极值比为 1.21；年内极值比最大为 2.22，出现在 2 月，极值比最小为 1.47，出现在 4 月，说明 1996—2016 年若尔盖站蒸发量年际变化不剧烈。多年平均 C_v 值为 0.05，最大月均 C_v 值出现在 2 月，为 0.20，最小月均 C_v 值出现在 9 月和 12 月，均为 0.12，表明 1996—2016 年若尔盖站蒸发量变化不显著。详细结果可见表 3.7，图 3.6 显示，1996—2016 年若尔盖站蒸发量呈现明显的上升趋势。

表 3.7 若尔盖站蒸发量特征值分析

月 份	特 征 值			
	最大值/mm	最小值/mm	极值比	C_v
1	55.90	28.70	1.95	0.16
2	59.80	26.90	2.22	0.20
3	83.10	37.70	2.20	0.16

续表

月　份	特　征　值			
	最大值/mm	最小值/mm	极值比	C_v
4	100.10	67.90	1.47	0.13
5	116.60	70.20	1.66	0.13
6	114.20	68.10	1.68	0.13
7	131.90	69.00	1.91	0.16
8	125.20	68.60	1.83	0.15
9	89.60	58.20	1.54	0.12
10	73.00	37.30	1.96	0.15
11	56.30	30.70	1.83	0.15
12	48.10	29.20	1.65	0.12
全　年	916.50	755.70	1.21	0.05

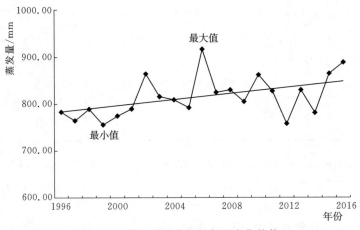

图 3.6　若尔盖站蒸发量年际变化趋势

　　春季、夏季、秋季、冬季多年平均蒸发量分别为 237.90mm、285.50mm、173.10mm、118.80mm。图 3.7 和图 3.8 显示，若尔盖站夏季蒸发量最大，冬季蒸发量最少，蒸发量最小值一般出现在 12 月和 1 月。1996—2016 年夏季蒸发量出现显著增加趋势，其他季节蒸发量变化不显著。

　　由图 3.9 可知，若尔盖站蒸发量主要集中在 5—8 月，多年平均蒸发量为 376.80mm，占全面总蒸发量的 46.21%。其中，7 月蒸发量最大，多年平均蒸发量为 99.08mm，占全面总蒸发量的 12.15%，其次为 8 月，多年平均蒸发量为 97.93mm，占全面总蒸发量的 12.01%。12 月蒸发量最少，多年平均蒸发量为 36.57mm，占全面总蒸发量的 4.48%。

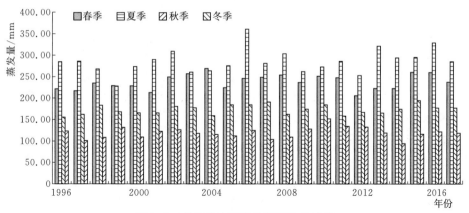

图 3.7 若尔盖站蒸发量不同季节特征

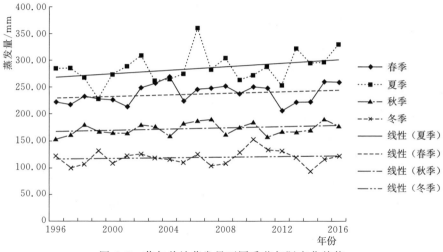

图 3.8 若尔盖站蒸发量不同季节年际变化趋势

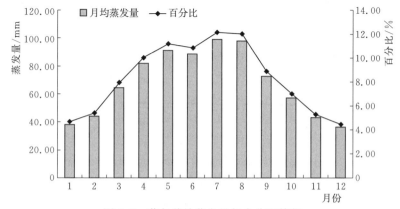

图 3.9 若尔盖站蒸发量年内分配特征

3.2.2　地表水资源量分析

地表水资源量是指河流、湖泊、冰川等地表水体中由降水形成的、可以逐年更新的动态水量，用天然河川径流量表示。按照全国水资源调查评价技术细则要求，河川径流量资料系列要求反映 2000 年以来下垫面条件，同步期系列长度与降水量系列一致。

3.2.2.1　河川径流量

白河与黑河是阿坝州黄河流域内的两条主要一级河流，为黄河流域贡献了一定量的水资源。其中，白河流域位于黄河源降水量最丰沛的河曲段，是黄河径流主要来源区之一，同时，白河流域地下水天然储量年最大可达地表总径流量的 38.2%，其对源区水文与水资源的影响不容忽视。根据水资源分区、地貌类型特点和资料系列情况，选择白河下游唐克站和黑河中游若尔盖站 1956—2016 年实测月径流数据，以及黑河下游大水站 1981—2015 年实测年径流数据，通过河川天然径流量还原计算，采用均值、极值比、M-K 检验法、有序聚类法与 T 检验法耦合法等方法对阿坝州黄河流域主要河流河川天然径流量特征进行评价。

1. 白河径流特征

(1) 年际变化。通过分析唐克站径流数据可知，白河流域多年平均径流量为 194082.80 万 m³。由图 3.10 可知，白河 1956—2016 年径流量年际变化无规律，整体呈现微弱的减少趋势。径流最大值出现在 1983 年，为 362515.30 万 m³；最小出现在 2002 年，为 75854.60 万 m³，极值比为 4.78，说明白河径流量

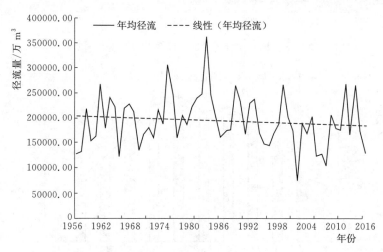

图 3.10　白河流域径流年际分布特征

年际变化较大。此外，通过 M－K 检验法可知，白河 1956—2016 年径流量 Z 值为 －0.6783，即在 0.05 显著水平下，白河径流呈现下降趋势，这与趋势线结果一致。采用有序聚类法与 T 检验法耦合法分析白河 1956—2016 年径流突变点。结果显示，白河存在一个突变点，为 1993 年，对应 T 量统计值为 2.306，突变年通过了 0.05 显著性检验。

（2）年内分布。白河流域径流年内分布显示（图 3.11），白河流域径流年内分配呈明显的双峰型，属于冰雪融水和降水混合补给型的河流。最小流量发生在 12 月至次年 2 月，此时河流封冻，径流主要靠地下水补给，径流相对稳定。3月以后，气温渐升，冰雪逐渐融化和河流解冻形成春汛，流量缓增。夏秋两季径流随降水而变，6—7 月径流最多，8 月径流下降，因为每年约有 20 天的伏旱段，9 月径流出现上升，原因是随降雨增多而增大，10 月以后属退水阶段。可以看出，流域径流年内分配不均，连续最大 4 个月径流量出现在 6—9 月，占全年径流量的 56.56%。白河流域最大月径流量出现在 7 月，占年径流量的 16.71%，最小月径流量出现在 12 月，占年径流量的 2.89%。

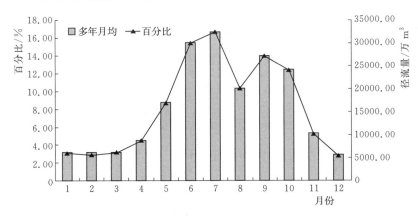

图 3.11 白河流域径流年内分布特征

（3）年代变化。白河流域径流年代变化特征显示（图 3.12），1956—1960年和 2001—2010 年径流量均低于多年平均径流量，1981—1990 年径流量远高于多年平均值，说明白河从 1956—1960 年开始，年代平均径流量呈现单峰单谷特征，1956—1960 年水量偏枯，1981—1990 年偏丰，2000 年以后，水量再次出现偏枯，在 2010 年以后径流量有所增加。

2. 黑河径流特征

（1）年际变化。通过分析若尔盖站径流数据可知，黑河中游以上流域多年平均径流量为 69327.50 万 m^3。由若尔盖站径流年际分布特征可知（图 3.13），黑河中游以上流域径流量年际变化剧烈，无显著规律，且整体呈现十分微弱的

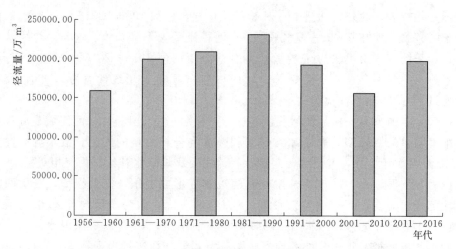

图 3.12　白河流域径流年代变化特征

增加趋势。年均径流最大值 127551.90 万 m³ 出现在 1984 年，最小值 25326.30
万 m³ 出现在 1965 年，极值比达到 5.04，说明黑河中游以上流域年均径流变动
幅度比白河流域强。同样，通过 M－K 检验法可知，黑河中游以上流域 1956—
2016 年径流量 Z 值为 0.02489，0.01、0.05 和 0.1 显著水平均未通过，说明其
径流量在年际间无显著变化趋势。

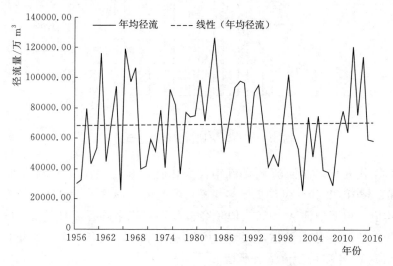

图 3.13　若尔盖站径流年际变化特征

同时，通过分析可知，大水站 1981—2015 年多年平均径流量为 104436.93
万 m³。图 3.14 显示，黑河大水站年均径流最大值是 1985 年的 233020.00 万
m³，最小值是 2002 年的 34209.10 万 m³，极值比为 5.29，说明黑河下游流域径

流变化更为剧烈。对大水站径流量进行滑动平均分析可知（图 3.14），黑河流域径流有先增后减的变化趋势，流域径流突变时间大致在 1990—1995 年。M - K 检验法结果显示，大水站年径流 Z 值为 -3.21，通过了 0.01 显著水平，说明黑河流域径流量呈现显著的下降趋势。

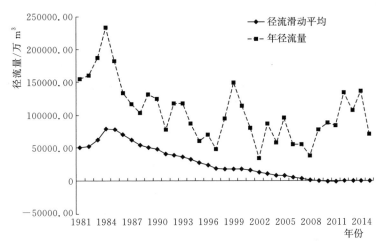

图 3.14　大水站年际变化与滑动平均分析

（2）年内分布。黑河中游以上流域径流年内分布显示（图 3.15），流域径流年内分配同样呈明显的双峰型，径流年内分配不均，连续最大 4 个月径流量出现在 6—9 月，占全年径流量的 57.41％。黑河流域最大月径流量出现在 7 月，占年径流量的 16.99％，最小月径流量出现在 2 月，占年径流量的 1.46％。可以看出，黑河最小径流出现月份与白河不一致。初步可知，黑河与白河年内有明显的畅流期、枯水期、流冰期、封冻期和解冻期，即每年 12 月至次年 2 月为稳

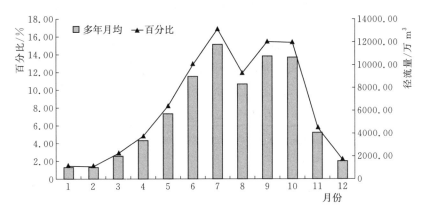

图 3.15　黑河中游以上流域径流年内分布特征

定的封冻期，3 月为解冻期，4—10 月为畅流期，11 月为流冰期。径流变化的一般规律为：最小流量多发生于冬末春初，此时河流上冻，径流主要靠地下水补给，流量相对稳定但偏少；9 月径流的增加是由于华西秋雨增多而导致的。

（3）年代变化。黑河中游以上流域径流年代际变化特征显示（图 3.16），流域年代际径流变化呈现双峰双谷的特征，1951—1960 年、1971—1980 年、1991—2000 年和 2001—2010 年年均径流量均低于多年平均径流量，1951—1960 年与多年平均径流量差值最大，为 22411.8 万 m^3，属于偏枯年代；1981—1990 年年均径流量远高于多年平均径流量，说明 1981—1990 年黑河中游以上流域来水偏丰。同时，黑河中游以上流域 2000 年以后，水量也出现偏枯，在 2010 年以后径流量有所增加，这与白河流域径流年代际变化特征基本相似。

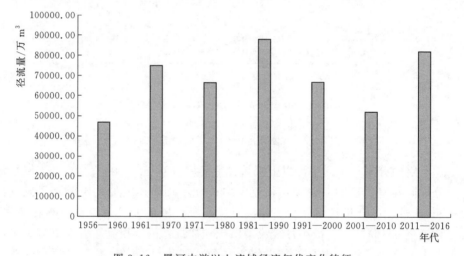

图 3.16　黑河中游以上流域径流年代变化特征

（4）突变特征。采用有序聚类法与 T 检验法耦合法分析若尔盖站 1956—2016 年径流突变点。结果显示，黑河中上游流域径流存在两个突变点，分别为 1993 年和 2010 年，T 值统计量均通过了 0.05 显著性检验。

由有序聚类法与 T 检验法耦合法计算可知，大水站径流存在两个突变点，分别为 1986 年和 1993 年，T 值统计量均通过了 0.05 显著性检验。通过若尔盖站径流突变分析结果，确定黑河流域径流突变点为 1993 年，这与白河径流突变点一致。

3. 综合评价

唐克站、若尔盖站、大水站径流 C_v 值分别为 0.27、0.38、0.42，可以看出，黑河径流年际变化要比白河剧烈。主要水文站天然径流系列极值比统计见表 3.8。

表 3.8 主要水文站天然径流系列极值比统计

站　名	系列长度	最　大　值		最　小　值		极值比	均值/亿 m³	C_v
		年径流量/亿 m³	出现年份	年径流量/亿 m³	出现年份			
唐克水文站	1956—2016	36.25	1983	7.59	2002	4.78	19.41	0.27
若尔盖水文站	1956—2016	12.76	1984	2.53	1965	5.04	6.93	0.38
大水水文站	1981—2015	23.30	1985	3.42	2002	5.29	10.44	0.42

综上所述，白河与黑河径流量年际变化剧烈，白河流域径流呈现下降趋势，黑河中游以上流域径流不存在变化趋势，而黑河中下游流域径流呈现显著的下降趋势。白河与黑河流域径流年内变化呈现双峰型，径流量均主要集中在 6—9 月。此外，黑河与白河流域径流均在 1993 年发生突变。

3.2.2.2　分区地表水资源量

1. 多年平均地表水资源量

1956—2016 年阿坝州黄河流域多年平均地表水资源量 414116.67 万 m³，折合径流深 244.2mm。从各水资源分区多年平均地表水资源量和径流深来看，黄河干流及诸小支流、贾曲、白河、黑河多年平均地表水资源量分别为 64571.44 万 m³、44190.68 万 m³、194473.75 万 m³、110880.79 万 m³，折合径流深分别为 318.2mm、215.2mm、370.4mm、145.4mm；黄河干流及诸小支流、贾曲、白河、黑河各水资源分区占流域多年平均地表水资源量分别为 15.59%、10.67%、46.96%、26.78%。可以看出，流域内白河水资源分区与黑河水资源分区地表水资源较多，即东南部地表水资源量相对较多，西部地表水资源量相对较少。分析降水与地表水资源量关系可知，在相同降水条件下白河流域产汇流过程更为高效，黑河流域产汇流会受到若尔盖湿地的水资源涵养作用的影响（表 3.9）。

黄河干流及诸小支流、贾曲、白河、黑河 C_v 值分别为 0.38、0.26、0.26、0.35，由此可知，黄河干流及诸小支流地表水资源年际变化较为剧烈，其次为黑河，贾曲与白河地表水资源年际变化相对较弱。同时，黄河干流及诸小支流、贾曲、白河、黑河极值比分别为 5.39、3.24、4.26、8.71，这说明了黑河地表水资源年际变化幅度较大，其次为黄河干流及诸小支流，贾曲和白河地表水资源也存在一定程度的年际幅度变化，但在阿坝州黄河流域内相对较弱。各水资源分区地表水资源量年际变化如图 3.17 所示。

黄河干流及诸小支流水资源分区中，阿坝县多年平均地表水资源量为 22665.75 万 m³，若尔盖县多年平均地表水资源量 41905.69 万 m³；贾曲水资源分区中，阿坝县多年平均地表水资源量 44190.68 万 m³；白河水资源分区中，红

表3.9　阿坝州黄河流域各分区地表水资源量及统计参数

水资源分区		行政区划		面积/km²	多年平均地表水资源量/万m³	径流深/mm	C_v	不同频率地表水资源量/万m³				最大值/万m³	最小值/万m³	极值比
分区	编码	县(区)	编码					20%	50%	75%	95%			
黄河干流及诸小支流	Q1	阿坝县	Q1-01	975	22665.75	215.2	0.26	27467.76	22222.57	18070.05	13348.49	37098.11	11435.97	3.24
		若尔盖县	Q1-02	866	41905.69	429.4	0.50	55795.90	38094.43	24642.26	14362.76	120398.94	10404.34	11.57
		小　计		1841	64571.44	318.2	0.38	88305.81	58751.31	44992.51	32885.86	152662.98	28330.99	5.39
贾曲	Q2	阿坝县	Q2-01	2005	44190.68	215.2	0.26	53553.00	43326.62	35230.59	26025.13	72328.98	22296.34	3.24
		小　计		2005	44190.68	215.2	0.26	53553.00	43326.62	35230.59	26025.13	72328.98	22296.34	3.24
白河	Q3	红原县	Q3-01	4378	146971.25	330.8	0.28	183412.84	139567.27	119008.27	86690.59	265735.52	69539.08	3.82
		阿坝县	Q3-02	496	21851.15	590.6	0.32	25589.89	20967.87	18325.76	10281.75	48772.08	4149.76	11.75
		若尔盖县	Q3-03	472	25651.35	587.0	0.32	30040.30	24614.46	21512.85	12069.88	57254.18	4871.46	11.75
		小　计		5346	194473.75	370.4	0.26	237750.59	188187.30	160922.09	124009.30	362515.30	85047.87	4.26
黑河	Q4	红原县	Q4-01	2225	35583.70	164.7	0.42	48152.89	33554.50	24220.86	13528.61	69944.38	7962.62	8.78
		松潘县	Q4-02	50	2178.00	435.6	0.21	2638.10	2084.60	1808.30	1457.20	3174.30	1332.50	2.38
		若尔盖县	Q4-03	5493	73119.09	135.0	0.36	97819.94	71317.69	52826.82	36060.14	173852.43	18486.38	9.40
		小　计		7768	110880.79	145.4	0.35	142211.59	108538.05	84211.35	55933.58	244751.46	28108.14	8.71
县级行政区		阿坝县		3476	88707.59	255.2	0.23	105561.70	86985.90	72108.40	56133.40	134381.50	49627.30	2.71
		红原县		6603	182554.95	276.5	0.30	230760.50	173448.80	144468.59	100219.20	334893.60	77501.70	4.32
		松潘县		50	2178.00	435.6	0.21	2638.10	2084.60	1808.30	1457.20	3174.30	1332.50	2.38
		若尔盖县		6831	140676.14	205.9	0.26	173924.91	140850.09	112434.10	90943.10	225141.80	78439.30	2.87
合　计				16960	414116.67	244.2	0.26	501951.00	406500.41	326554.69	253335.20	689617.30	208507.70	3.31

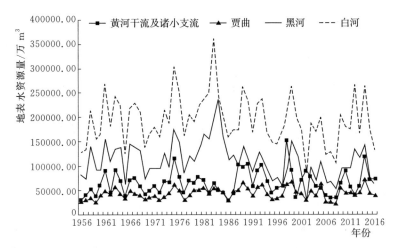

图 3.17 阿坝州黄河流域各水资源区地表水资源量年际变化

原县、阿坝县、若尔盖县多年平均地表水资源量分别为 146971.25 万 m³、21851.15 万 m³、25651.35 万 m³；黑河水资源分区中，红原县、松潘县、若尔盖县多年平均地表水资源量分别为 35583.70 万 m³、2178.00 万 m³、73119.09 万 m³。地表水资源量分析成果见表 3.9。

从行政区多年平均地表水资源量和径流深来看，阿坝县、红原县、松潘县、若尔盖县多年平均地表水资源量分别为 88707.59 万 m³、182554.95 万 m³、2178.00 万 m³、140676.14 万 m³，折合径流深分别为 255.2mm、276.5mm、435.6mm、205.9mm；阿坝县、红原县、松潘县、若尔盖县各县占流域多年平均地表水资源量分别为 21.42％、44.08％、0.53％、33.97％。可以看出，红原县是阿坝州黄河流域地表水资源量最为丰沛的县区，其次为若尔盖县，松潘县由于在流域面积较小，地表水资源量较少。分析降水与地表水资源量关系可知，在相同降水条件下红原县产流量较多，这也是由于红原县部分面积在白河流域上，而白河流域产汇流过程在四个水资源分区中最为高效。

阿坝县、红原县、松潘县、若尔盖县地表水资源量 C_v 值分别为 0.23、0.30、0.21、0.26，即各县区地表水资源年际变化均不十分剧烈，其中红原县地表水资源年际变化相对明显。阿坝县、红原县、松潘县、若尔盖县地表水资源量极值比分别为 2.71、4.32、2.38、2.87，即红原县地表水资源年际变化幅度较大，极易出现洪水问题（水量极值较大），应予以关注。各行政分区地表水资源量年际变化如图 3.18 所示。

2. 地表水资源量的年际变化

经计算，阿坝州黄河流域 1956—2016 年不同频率的地表水资源量分别为：丰水年（$P=20％$）为 501951.00 万 m³，平水年（$P=50％$）为 406500.41

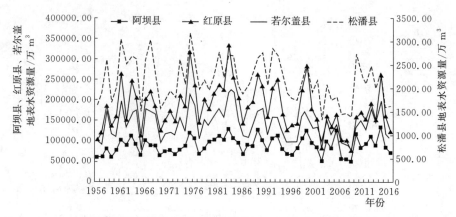

图 3.18 阿坝州黄河流域各行政分区地表水资源量年际变化

万 m³，偏枯年（$P = 75\%$）为 326554.69 万 m³，枯水年（$P = 95\%$）为 253335.20 万 m³。各水资源分区和县级行政区不同保证率地表水资源量成果见表 3.9。

阿坝州黄河流域 1956—2016 年最大地表水资源量为 689617.30 万 m³，发生在 1983 年；最大地表水资源量为 208507.70 万 m³，发生在 2008 年；地表水资源量极值比为 3.31。

近年来阿坝州黄河流域地表水资源量整体呈现先增加后减少的趋势（表 3.10）：1981—2000 年多年平均地表水资源量比 1956—1980 年偏丰 10.91%，2001—2016 年多年平均地表水资源量比 1956—1980 年偏枯 11.21%，2001—2016 年多年平均地表水资源量比 1980—2000 年偏枯 20.04%，阿坝州黄河流域地表水资源量近十年减少较为显著。

各水资源分区地表水资源量整体也呈现先增加后减少的趋势，如图 3.19 和表 3.10 所示。黄河干流及诸小支流 1981—2000 年多年平均地表水资源量比 1956—1980 年偏丰 14.74%，2001—2016 年多年平均地表水资源量比 1981—2000 年偏枯 8.29%。贾曲 1981—2000 年多年平均地表水资源量比 1956—1980 年偏丰 20.22%，2001—2016 年多年平均地表水资源量比 1981—2000 年偏枯 13.23%。白河 1981—2000 年多年平均地表水资源量比 1956—1980 年偏丰 8.59%，2001—2016 年多年平均地表水资源量比 1981—2000 年偏枯 19.05%。黑河 1981—2000 年多年平均地表水资源量比 1956—1980 年偏丰 9.50%，2001—2016 年多年平均地表水资源量比 1981—2000 年偏枯 30.91%。可以看出，各水资源分区中，黑河地表水资源量减少较为显著。

各行政分区中，阿坝县、红原县、松潘县、若尔盖县地表水资源量整体也呈现先增加后减少的趋势，如图 3.20 和表 3.10 所示。阿坝县 1981—2000 年多

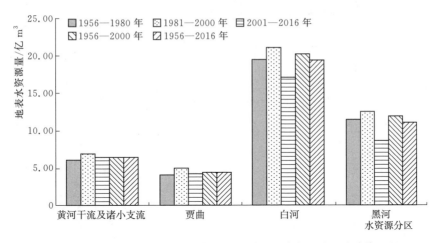

图 3.19　阿坝州黄河流域各水资源区不同时段多年平均地表水资源量

年平均地表水资源量比 1956—1980 年偏丰 15.24%，2001—2016 年多年平均地表水资源量比 1981—2000 年偏枯 10.57%。红原县 1981—2000 年多年平均地表水资源量比 1956—1980 年偏丰 14.17%，2001—2016 年多年平均地表水资源量比 1981—2000 年偏枯 29.68%。松潘县 1981—2000 年多年平均地表水资源量比 1956—1980 年偏丰 2.67%，2001—2016 年多年平均地表水资源量比 1981—2000 年偏枯 16.77%。若尔盖县 1981—2000 年多年平均地表水资源量比 1956—1980 年偏丰 4.27%，2001—2016 年多年平均地表水资源量比 1981—2000 年偏枯 12.63%。可以看出，各行政分区中，红原县地表水资源量减少较为显著。

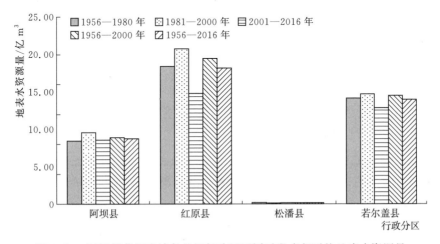

图 3.20　阿坝州黄河流域各县级行政区不同时段多年平均地表水资源量

表 3.10 不同时段阿坝州黄河流域各分区地表水资源量

水资源分区		行政区划		不同时段多年平均地表水资源量/万 m³				
分 区	编码	县（区）	编码	1956—1980 年	1981—2000 年	2001—2016 年	1956—2000 年	1956—2016
黄河干流及诸小支流	Q1	阿坝县	Q1-01	21033.04	25286.37	21941.09	22923.41	22665.75
		若尔盖县	Q1-02	39766.68	44475.60	42035.53	41859.53	41905.69
		小 计		60799.72	69761.97	63976.61	64782.94	64571.44
贾 曲	Q2	阿坝县	Q2-01	41007.44	49300.03	42777.82	44693.03	44190.68
		小 计		41007.44	49300.03	42777.82	44693.03	44190.68
白 河	Q3	红原县	Q3-01	147771.60	164027.97	124399.77	154996.66	146971.25
		阿坝县	Q3-02	21803.03	22037.91	21692.90	21907.42	21851.15
		若尔盖县	Q3-03	25594.86	25870.59	25465.58	25717.41	25651.35
		小 计		195169.50	211936.47	171558.26	202621.48	194473.75
黑 河	Q4	红原县	Q4-01	35745.65	45498.78	22936.82	40080.37	35583.70
		松潘县	Q4-02	2243.97	2303.88	1917.56	2270.59	2178.00
		若尔盖县	Q4-03	76639.86	77720.18	61866.54	77120.00	73119.09
		小 计		114629.48	125522.84	86720.92	119470.97	110880.79
县级行政区		阿坝县		83843.51	96624.31	86411.81	89523.86	88707.59
		红原县		183517.26	209526.75	147336.59	195077.03	182554.95
		松潘县		2243.97	2303.88	1917.56	2270.59	2178.00
		若尔盖县		142001.40	148066.37	129367.64	144696.94	140676.14
合 计				411606.13	456521.31	365033.61	431568.43	414116.67

3.2.2.3 入境水量

阿坝州黄河流域入境河流为夏容曲，阿坝州黄河流域多年平均出入境水量见表 3.11。

表 3.11 阿坝州黄河流域多年平均出入境水量

河流	属性	入境/出境省份	多年平均水量/万 m³	C_v
夏容曲	入境	青海省	4512.00	0.23

夏容曲从青海省流入阿坝州黄河流域，多年平均入境水量为 4512.00 万 m³，C_v 值为 0.23。夏容曲入境水量年际变化显示（图 3.21），阿坝州黄河流域入境水量最大值出现在 1999 年，为 7890.10 万 m³；最小值出现在 2002 年，为 2166.50 万 m³；极值比为 3.64。由极值比与 C_v 值可知，阿坝州黄河流域入境水量年际变化较为剧烈，同时，阿坝州黄河流域入境水量整体呈现下降趋势。

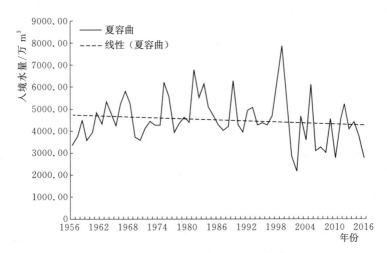

图 3.21 夏容曲入境水量年际变化

3.2.3 地下水资源量分析

考虑到四川阿坝州黄河流域均为山丘区，山丘区的地下水资源量，也就是山丘区的降水入渗补给量。山区地下水资源量采用排泄法进行计算，山区地下水资源量近似等于河川基流量、山前基岩裂隙水侧向排泄量、出山口处的河床潜流排泄量、浅层地下水实际开采量和潜水蒸发量等各排泄量之和。因此，本次评价提出四川阿坝州黄河流域 1956—2016 系列山丘区地下水资源量评价成果，重点评价矿化度 $M \leqslant 2\text{g/L}$ 的地下水资源量。

阿坝州黄河流域山丘面积与流域总面积完全重合，由此，四川阿坝州黄河流域地下水水资源量即为山丘区地下水资源量。通过计算，四川阿坝州黄河流域 1956—2016 年多年平均地下水资源量 104646.03 万 m^3。此外，考虑到阿坝州黄河流域均为山丘区型地下水，开采难度较大，成本较高，即认为阿坝州黄河流域地下水可开采量为 0。

从各水资源分区多年平均地下水资源量来看，黄河干流及诸小支流、贾曲、白河、黑河多年平均地下水资源量分别为 16370.89 万 m^3、11194.54 万 m^3、49212.41 万 m^3、27868.20 万 m^3，分别占四川阿坝州黄河流域地下水总量的 15.64%、10.70%、47.03%、26.63%，可以看出，白河分区地下水资源量较为丰富，其次为黑河分区，贾曲分区地下水资源量在四个水资源分区中最少。

从各行政分区多年平均地下水资源量来看，阿坝县、红原县、松潘县、若尔盖县多年平均地下资源量分别为 22498.47 万 m^3、46009.48 万 m^3、554.36 万

m³、35583.73 万 m³，分别占四川阿坝州黄河流域地下水总量的 21.50％、43.97％、0.53％、34.00％。可以看出，红原县地下水资源量较为丰富，其次为若尔盖县分区，松潘县由于涉及流域面积较少，地下水资源量在四个水资源分区中最少。

阿坝州黄河流域各分区 1956—2016 年多年平均地下水资源量见表 3.12。

3.2.4　水资源总量分析

由于阿坝州黄河流域均为山丘区，即流域内地下水量与地表水量间不重复计算量为 0。因此，阿坝州黄河流域水资源总量与地表水资源量相同。

根据分区地表水、地下水资源计算成果，阿坝州黄河流域多年平均当地水资源总量为 414116.67 万 m³，其中，黄河干流及诸小支流 64571.44 万 m³，贾曲 44190.68 万 m³，白河 194473.75 万 m³，黑河 110880.79 万 m³，占比分别为 15.59％、10.67％、46.96％、26.78％；阿坝县 88707.59 万 m³，红原县 182554.95 万 m³，松潘县 2178.00 万 m³，若尔盖县 140676.14 万 m³，占比分别为 21.42％、44.08％、0.53％、33.97％。阿坝州黄河流域水资源总量统计见表 3.13。

表 3.12　　　阿坝州黄河流域各分区 1956—2016 年多年平均
地下水资源量 （$M \leqslant 2g/L$）

水资源分区		行政分区		山　丘　区		地下水资源总量 /万 m³
分　区	编码	县（区）	编码	面积 /km²	地下水资源量 /万 m³	
黄河干流及诸小支流	Q1	阿坝县	Q1－01	975	5741.77	5741.77
		若尔盖县	Q1－02	866	10629.12	10629.12
		小　计		1841	16370.89	16370.89
贾　曲	Q2	阿坝县	Q2－01	2005	11194.54	11194.54
		小　计		2005	11194.54	11194.54
白　河	Q3	红原县	Q3－01	4378	37120.75	37120.75
		阿坝县	Q3－02	496	5562.16	5562.16
		若尔盖县	Q3－03	472	6529.49	6529.49
		小　计		5346	49212.41	49212.41
黑　河	Q4	红原县	Q4－01	2225	8888.72	8888.72
		松潘县	Q4－02	50	554.36	554.36
		若尔盖县	Q4－03	5493	18425.12	18425.12
		小　计		7768	27868.20	27868.20

水资源分区		行政分区		山 丘 区		地下水资源总量 /万 m³
分 区	编码	县（区）	编码	面积 /km²	地下水资源量 /万 m³	
县级行政区		阿坝县		3476	22498.47	22498.47
		红原县		6603	46009.48	46009.48
		松潘县		50	554.36	554.36
		若尔盖县		6831	35583.73	35583.73
合 计				16960	104646.03	104646.03

表 3.13　　　　　　　阿坝州黄河流域水资源总量统计

水资源分区		行政分区		面积 /km²	地表水 资源量 /万 m³	地下水 资源量 /万 m³	地下水量与 地表水量间 不重复计算 量/万 m³	水资源总量 /万 m³
分 区	编码	县（区）	编码					
黄河干流 及诸小支流	Q1	阿坝县	Q1-01	975	22665.75	5741.77	0.00	22665.75
		若尔盖县	Q1-02	866	41905.69	10629.12	0.00	41905.69
		小 计		1841	64571.44	16370.89	0.00	64571.44
贾 曲	Q2	阿坝县	Q2-01	2005	44190.68	11194.54	0.00	44190.68
		小 计		2005	44190.68	11194.54	0.00	44190.68
白 河	Q3	红原县	Q3-01	4378	146971.25	37120.75	0.00	146971.25
		阿坝县	Q3-02	496	21851.15	5562.16	0.00	21851.15
		若尔盖县	Q3-03	472	25651.35	6529.49	0.00	25651.35
		小 计		5346	194473.75	49212.41	0.00	194473.75
黑 河	Q4	红原县	Q4-01	2225	35583.70	8888.72	0.00	35583.70
		松潘县	Q4-02	50	2178.00	554.36	0.00	2178.00
		若尔盖县	Q4-03	5493	73119.09	18425.12	0.00	73119.09
		小 计		7768	110880.79	27868.20	0.00	110880.79
县级行政区		阿坝县		3476	88707.59	22498.47	0.00	88707.59
		红原县		6603	182554.95	46009.48	0.00	182554.95
		松潘县		50	2178.00	554.36	0.00	2178.00
		若尔盖县		6831	140676.14	35583.73	0.00	140676.14
合 计				16960	414116.67	104646.03	0.00	414116.67

3.2.5　水资源质量评价

3.2.5.1　地表水资源质量

地表水水质是指地表水体的物理、化学和生物学的特征和性质。地表水资源质量评价内容包括水功能区水质现状及达标评价、河流水质现状评价、重点河流地表水水化学类型评价和县级集中式饮用水水源地水质评价 4 部分。

以 2016—2018 年的水质资料为主要依据，对四川阿坝州黄河流域地表水资源质量进行评价，结果显示：黄河流域全年水质无明显变化，水质状况保持为优，水质达标率为 100％；各河流在州内流经若尔盖县和红原县后汇入甘肃省，沿程水质均为优，全年水质无明显变化。同时，流域内水功能区与地表水水质均达标。2016—2018 年黄河流域干流玛曲断面，支流的黑河大水和若尔盖断面、白河唐克断面全年期、汛期水质类别为 Ⅱ 类。

1. 水功能区

水功能区划分为一级功能区和二级功能区。一级功能区分保护区、保留区、开发利用区、缓冲区 4 类；二级功能区划在一级功能区划的开发利用区内进行，分为饮用水源区、工业用水区、农业用水区、渔业用水区、景观娱乐用水区、过渡区、排污控制区 7 类。

阿坝州黄河干流（川甘界河）、主要支流黑河、白河共划定 4 个一级水功能区，均为国家级重要水功能区，无二级水功能区，包括 1 个保护区和 3 个保留区。水功能区划成果见表 3.14。

表 3.14　　　　　　　　阿坝州黄河流域水功能区划成果

河流名称		一级水功能区名称	开始断面	结束断面	功能区长度/km	水质代表断面	水质目标	功能区等级
干流	黄河	黄河青甘川保留区	黄河沿水文站	龙羊峡大坝	75.0	玛曲	Ⅱ	国家级
支流	白河	白河阿坝保留区	源头	入黄口	269.9	唐克	Ⅱ	国家级
	黑河	黑河若尔盖保留区	源头	达扎寺镇	317.9	大水	Ⅱ	国家级
		黑河若尔盖自然保护区	达扎寺镇	入黄口	138.0	若尔盖	Ⅱ	国家级

黄河自源头至青海贵德县龙羊峡以上部分为河源段，该段河流大部分流经三四千米的高原上，河流曲折迂回，两岸多为湖泊、沼泽、草滩，水质较清，水流稳定，产水量大。流域内多为林、牧区，人口稀少，工业不发达，废污水排放量小。

单个水功能区单次的水质达标评价在水功能区水质类别评价或营养状态评价的基础上进行。单次水功能区水质类别和营养状态均符合或优于水功能区目标的为达标水功能区，有任何一项劣于目标要求即为不达标水功能区。

水功能区水质达标评价结果以年度水质达标率表示。在年度水功能区水质达标评价中，对于监测次数低于 6 次的河流源头保护区、自然保护区及保留区，按照年均值方法进行评价，即年度水质类别等于或优于水功能区水质目标的为达标水功能区；其他类型水功能区采用年度频次法进行评价。

2016—2018 年水功能区水质评价结果显示：黄河青甘川保留区、白河阿坝保留区、黑河若尔盖保留区、黑河若尔盖自然保护区评价河长 800.8km，年度水质类别均为Ⅱ类，达标河长 800.8km，年度水质达标率均为 100%，水质好且总体稳定，均符合水功能区划水质管理目标要求。汛期评价结果显示，4 个一级水功能区水质均为Ⅱ类，水功能区全部达标；非汛期评价结果显示，4 个一级水功能区水质也均为Ⅱ类，水功能区全部达标。

其中，保留区评价河长为 138.0km，水质为Ⅱ类；3 个保留区评价河长为 662.8km，水质也为Ⅱ类，水功能区水质全部达标。

从行政分区看，阿坝县涉及 2 个保留区，评价河长 17km，Ⅱ类水质河长为 17km，达标率 100%。若尔盖县涉及 1 个保护区、3 个保留区，评价河长分别为 138km 和 312.9km，Ⅱ类水质河长为 450.9km，达标率 100%。红原县涉及 2 个保留区，评价河长为 332.9km，Ⅱ类水质河长为 332.9km，达标率 100%。县级分区水功能区评价结果见表 3.15。

表 3.15　　　　阿坝州黄河流域县级分区水功能区评价结果

县级 行政区	分级分类水功能区		评 价 结 果			
			个数/个	河长/km	水质类别	达标率/%
阿坝县	一级 水功 能区	保护区				
		保留区	2	17	Ⅱ类	100
		缓冲区				
	小　计		2	17	Ⅱ类	100
	二级 水功 能区	饮用水源区				
		工业用水区				
		农业用水区				
		渔业用水区				
		景观娱乐用水区				
		过渡区				
		排污控制区				
	小　计					
	水功能区合计		2	17	Ⅱ类	100

县级行政区	分级分类水功能区		评价结果			
			个数/个	河长/km	水质类别	达标率/%
若尔盖县	一级水功能区	保护区	1	138	Ⅱ类	100
		保留区	3	312.9	Ⅱ类	100
		缓冲区				
	小　计		4	450.9	Ⅱ类	100
	二级水功能区	饮用水源区				
		工业用水区				
		农业用水区				
		渔业用水区				
		景观娱乐用水区				
		过渡区				
		排污控制区				
	小　计					
	水功能区合计		4	450.9	Ⅱ类	100
红原县	一级水功能区	保护区				
		保留区	2	332.9	Ⅱ类	100
		缓冲区				
	小　计		2	332.9	Ⅱ类	100
	二级水功能区	饮用水源区				
		工业用水区				
		农业用水区				
		渔业用水区				
		景观娱乐用水区				
		过渡区				
		排污控制区				
	小　计					
	水功能区合计		2	332.9	Ⅱ类	100

2. 河流

河流水质类别评价标准选用《地表水环境质量标准》（GB 3838—2002）。评价项目为色度、浑浊度、臭和味、肉眼可见物、硫酸盐、pH 值、总硬度、氯化物、氟化物、硝酸盐氮、亚硝酸盐氮、氰化物、溶解性总固体、锰、铁、砷、锌、铅、汞、铜、铬（六价）、镉等 22 项（不包括总氮）。水质类别评价方法采用单因子评价法，即取参评项目中水质最差项目的类别，评价结果按河长统计，评价时段分为全年、汛期和非汛期。

对阿坝州黄河流域 2001—2016 年支流水质进行评价，评价河长总计 800.8km，见表 3.16。

全年期、汛期 100% 的河长水质为Ⅱ类，黄河干流及诸小支流、贾曲、白河、黑河全年期及汛期水质均为Ⅱ类。非汛期 82.77% 的河长水质为Ⅱ类，17.23% 的河长水质为Ⅲ类，白河、黑河部分河段非汛期存在Ⅲ类水质现象。

从行政分区看，全年期、汛期若尔盖县、阿坝县和红原县Ⅱ类水质河长占比分别为 56.31%、2.12% 和 41.57%。非汛期若尔盖县、阿坝县和红原县Ⅱ类水质河长占比分别为 39.07%、2.12% 和 41.57，若尔盖县Ⅲ类水质河长占比为 17.23%。

表 3.16　　　　　　　阿坝州黄河流域河流水质评价成果　　　　　　单位：km

县级行政区		若尔盖县	阿坝县	红原县
全年期、汛期分类河长	评价总长度	450.9	17.0	332.9
	Ⅰ类	0	0	0
	Ⅱ类	450.9	17.0	332.9
	Ⅲ类	0	0	0
	Ⅳ类	0	0	0
	Ⅴ类	0	0	0
	劣Ⅴ类	0	0	0
非汛期分类河长	评价总长度	450.9	17.0	332.9
	Ⅰ类	0	0	0
	Ⅱ类	312.9	17.0	332.9
	Ⅲ类	138.0	0	0
	Ⅳ类	0	0	0
	Ⅴ类	0	0	0
	劣Ⅴ类	0	0	0

3. 重点河流地表水水化学类型

地表水天然水化学特征评价项目为矿化度、总硬度、钾、钠、钙、镁、重碳酸盐、氯化物、硫酸盐、碳酸盐等 10 项，特征值采用年平均值。水化学类型采用阿列金分类法划分。

利用黑河大水站和若尔盖站、白河唐克站 2001—2016 年监测资料对白河、黑河地表水水质进行评价，见表 3.17。

表 3.17　　　　　　　阿坝州黄河流域重点河流地表水水质特征分析成果

河流湖库名称	测站名称	矿化度	总硬度	$K^+ + Na^+$	Ca^{2+}	Mg^{2+}	Cl^-	CO_3^{2-}	HCO_3^-	SO_4^{2-}
黑河	大水	182	171	0.192	43.3	15.8	1.38	16.8	145	3.51
白河	唐克	176	140	0.31	25.7	19	1.23	21.6	116	4.88
黑河	若尔盖	200	157	0.5	37.6	15.3	2.11	14.4	133	9.76

4. 县级集中式饮用水水源地

2016—2018 年，四川阿坝州黄河流域内阿坝县、红原县、松潘县、若尔盖县涉及 4 个县级所在城镇的集中式饮用水水源地监测断面，每年监测断面（点位）达标率均为 100%。

3.2.5.2　地下水资源质量

地下水质量是指地下水的物理、化学和生物性质的总称。本次地下水水质评价的技术依据、评价内容和评价方法按照全国第三次水资源调查评价标准与要求的项目进行。本次地下水质量评价对象主要为重要地下水饮用水水源地水质评价，评价时段为年。

根据现有调查可知，仅若尔盖县存在地下水饮用水水源地监测数据，具体监测项目为 pH 值、总硬度、硫酸盐、氯化物、铁、锰、铜、锌、挥发酚、LAS、耗氧量、氨氮、总大肠菌群、亚硝酸盐（以 N 计）、硝酸盐（以 N 计）、氰化物、氟化物、汞、砷、硒、镉、铬（六价）、铅等共 23 项。评价结果显示，若尔盖县红星镇、唐克镇、辖曼镇、嫩哇乡地下水水质监测指标均达到《地下水质量标准》（GB/T 14848—2017）中的 Ⅲ 类标准，巴西乡地下水水质监测指标均达到《地下水质量标准》（GB/T 14848—2017）中的 Ⅱ 类标准。

3.3　宁夏中卫市（干旱区）水资源条件分析

3.3.1　降水与蒸发特征分析

3.3.1.1　降水

1. 降水量区域分布

采用关庄、硷滩口、韩府湾、中卫等 37 个雨量站分析中卫市降水演变特征，结果显示：中卫市多年平均降水量为 35.31 亿 m^3（261.0mm）。从水资源分区来看，引黄灌区分区、黄左分区、黄右分区、甘塘内陆区分区、清水河分区多年平均降水量分别为 1.95 亿 m^3、3.08 亿 m^3、7.01 亿 m^3、0.71 亿 m^3、22.56 亿 m^3；从行政分区来看，沙坡头区、中宁县、海原县多年平均降水量分别为 11.17 亿 m^3、6.75 亿 m^3、17.39 亿 m^3。中卫市各水资源分区及行政分区降水量统计见表 3.18。

表 3.18　　中卫市各水资源分区及行政分区降水量统计

分区		面积/km²	多年平均降水量		C_v	C_s/C_v	不同频率降水量/亿 m³						最大降水量/亿 m³	最小降水量/亿 m³	极值比
			mm	亿 m³			20%	50%	75%	90%	95%			
水资源分区	引黄灌区	923	211.8	1.95	0.25	2	2.38	1.87	1.62	1.35	1.06	3.21	1.00	3.21
	黄左	1453	211.9	3.08	0.25	2	3.76	2.96	2.57	2.16	1.68	5.01	1.57	3.20
	黄右	3253	215.5	7.01	0.25	2	8.57	6.92	5.63	4.91	3.94	10.99	3.52	3.12
	甘塘内陆区	407	174.4	0.71	0.27	2	0.88	0.69	0.57	0.51	0.35	1.10	0.16	6.74
	清水河	7493	301.1	22.56	0.23	2	26.95	22.18	18.84	15.91	14.02	40.51	13.25	3.06
行政分区	沙坡头区	5338	209.3	11.17	0.25	2	13.51	11.21	9.01	7.52	6.42	17.76	5.38	3.30
	中宁县	3190	211.5	6.75	0.26	2	8.14	6.71	5.57	4.27	3.61	11.80	3.39	3.48
	海原县	5001	347.8	17.39	0.24	2	21.27	16.62	14.17	11.98	11.23	31.93	10.49	3.04
合计		13529	261.0	35.31	0.23	2	42.55	35.16	29.3	24.46	21.15	60.82	20.45	2.97

2. 降水量特征值变化

（1）变差系数。降水量年变差系数 C_v 是用来表征降水量的年际变化，变差系数 C_v 越大，降水量年际变化越大；显示降水量丰枯差异越显著。从水资源分区来看，甘塘内陆区分区的降水量年际变化相对较大，降水量丰枯差异较为显著；清水河分区的降水量年际变化相对较小，降水量丰枯差异较其他分区不显著。从行政分区来看，中宁县的降水量年际变化相对较大，降水量丰枯差异较为显著；海原县的降水量年际变化相对较小，降水量丰枯差异较其他县区不显著。

（2）极值比。极值比是变量最大值与最小值间的比值，代表变量变化的差异程度。从水资源分区来看，塘内陆区分区降水量变化最为剧烈，其次为引黄灌区分区，清水河分区降水量变化程度最弱。从行政分区来看，中宁县降水量变化最为剧烈，其次为沙坡头区，海原县降水量变化程度最弱。

3. 降水量年际变化

通过分析，中卫市降水量呈现微弱的下降趋势，但下降趋势不显著，1980年是降水突变年。中卫市降水量年际变化特征如图 3.22 所示。

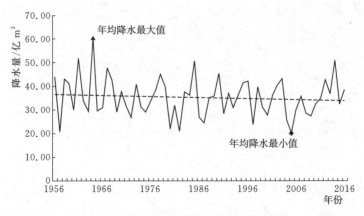

图 3.22　中卫市降水量年际变化特征

从水资源分区来看，引黄灌区分区、黄左分区、黄右分区、甘塘内陆区分区降水量年际变化较为稳定，清水河分区降水量变化幅度较大，这是由于清水河分区降水量较其他分区大的原因。中卫市各水资源分区降水量年际变化特征如图 3.23 所示。

从行政分区来看，中宁县降水量年际变化较为稳定，海原县和沙坡头区降水量年际变化幅度较为明显，海原县降水量年际变化幅度最明显，这是由于清水河大部分位于海原县的原因。中卫市各县级行政区降水量年际变化特征如图 3.24 所示。

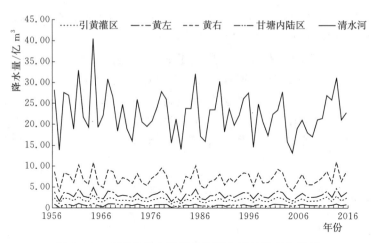

图 3.23 中卫市各水资源分区降水量年际变化特征

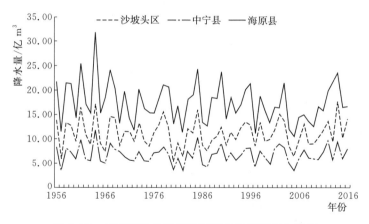

图 3.24 中卫市各县级行政区降水量年际变化特征

4. 降水量不同时段变化

通过分析，中卫市 1981—2000 年时段多年平均降水量比 1956—1980 年时段减少了 2.22 亿 m³，2001—2016 年时段多年平均降水量比 1956—1980 年时段减少了 1.61 亿 m³，2001—2016 年时段多年平均降水量比 1981—2000 年时段增加了 0.61 亿 m³；1956—2016 年时段多年平均降水量比 1956—2000 年时段减少了 0.16 亿 m³，2001—2016 年时段多年平均降水量比 1956—2016 年时段减少了 0.46 亿 m³。由此可知，中卫市降水量近些年呈现下降特征。不同时段中卫市各水资源分区及行政分区降水量分析结果见表 3.19。

从水资源分区来看，清水河分区 1956—1980 年、1981—2000 年、2001—2016 年三个时段多年平均降水量呈现减少特征，引黄灌区分区、黄左分区、黄

53

右分区、甘塘内陆区分区 1956—1980 年、1981—2000 年、2001—2016 年三个时段多年平均降水量均呈现先减后增加的特征。

引黄灌区分区 1981—2000 年时段多年平均降水量比 1956—1980 年时段减少了 0.11 亿 m³，2001—2016 年时段多年平均降水量比 1981—2000 年时段增加了 0.14 亿 m³，2001—2016 年时段多年平均降水量比 1956—1980 年时段增加了 0.03 亿 m³，1956—2016 年时段多年平均降水量比 1956—2000 年时段增加了 0.02 亿 m³，2001—2016 年时段多年平均降水量比 1956—2016 年时段增加了 0.06 亿 m³。

表 3.19　　　　不同时段中卫市各水资源分区及行政分区降水量分析结果

分 区		面积 /km²	多年平均降水量/亿 m³				
			1956—1980 年	1981—2000 年	2001—2016 年	1956—2000 年	1956—2016 年
水资源 分区	引黄灌区	923	1.98	1.87	2.01	1.93	1.95
	黄左	1453	3.12	2.95	3.16	3.05	3.08
	黄右	3253	7.13	6.73	7.16	6.95	7.01
	甘塘内陆区	407	0.73	0.65	0.73	0.70	0.71
	清水河	7493	23.49	22.02	21.78	22.84	22.56
行政 分区	沙坡头区	5338	11.37	10.70	11.44	11.07	11.17
	中宁县	3190	6.83	6.47	6.96	6.67	6.75
	海原县	5001	18.26	17.07	16.44	17.73	17.39
合　计		13529	36.46	34.24	34.85	35.47	35.31

黄左分区 1981—2000 年时段多年平均降水量比 1956—1980 年时段减少了 0.17 亿 m³，2001—2016 年时段多年平均降水量比 1981—2000 年时段增加了 0.21 亿 m³，2001—2016 年时段多年平均降水量比 1956—1980 年时段增加了 0.04 亿 m³，1956—2016 年时段多年平均降水量比 1956—2000 年时段增加了 0.03 亿 m³，2001—2016 年时段多年平均降水量比 1956—2016 年时段增加了 0.08 亿 m³。

黄右分区 1981—2000 年时段多年平均降水量比 1956—1980 年时段减少了 0.04 亿 m³，2001—2016 年时段多年平均降水量比 1981—2000 年时段增加了 0.43 亿 m³，2001—2016 年时段多年平均降水量比 1956—1980 年时段增加了 0.03 亿 m³，1956—2016 年时段多年平均降水量比 1956—2000 年时段增加了 0.06 亿 m³，2001—2016 年时段多年平均降水量比 1956—2016 年时段增加了 0.15 亿 m³。

甘塘内陆区分区 1981—2000 年时段多年平均降水量比 1956—1980 年时段减

少了 0.08 亿 m³，2001—2016 年时段多年平均降水量比 1981—2000 年时段增加了 0.08 亿 m³，2001—2016 年时段多年平均降水量与 1956—1980 年时段降水量相比无变化，1956—2016 年时段多年平均降水量比 1956—2000 年时段增加了 0.01 亿 m³，2001—2016 年时段多年平均降水量比 1956—2016 年时段增加了 0.02 亿 m³。

清水河分区 1981—2000 年时段多年平均降水量比 1956—1980 年时段减少了 1.47 亿 m³，2001—2016 年时段多年平均降水量比 1981—2000 年时段减少了 0.24 亿 m³，2001—2016 年时段多年平均降水量比 1956—1980 年时段减少了 1.71 亿 m³，1956—2016 年时段多年平均降水量比 1956—2000 年时段减少了 0.28 亿 m³，2001—2016 年时段多年平均降水量比 1956—2016 年时段减少了 0.78 亿 m³。

中卫市各水资源分区不同时段降水量如图 3.25 所示。

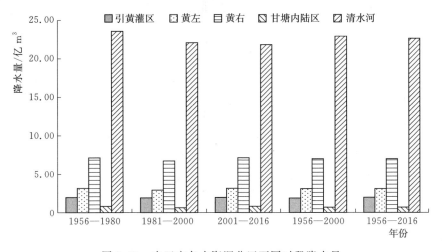

图 3.25　中卫市各水资源分区不同时段降水量

从行政分区来看，海原县 1956—1980 年、1981—2000 年、2001—2016 年三个时段多年平均降水量呈现减少特征，沙坡头区和中宁县 1956—1980 年、1981—2000 年、2001—2016 年三个时段多年平均降水量均呈现先减后增加的特征。

沙坡头区 1981—2000 年时段多年平均降水量比 1956—1980 年时段减少了 0.67 亿 m³，2001—2016 年时段多年平均降水量比 1981—2000 年时段增加了 0.74 亿 m³，2001—2016 年时段多年平均降水量比 1956—1980 年时段增加了 0.07 亿 m³，1956—2016 年时段多年平均降水量比 1956—2000 年时段增加了 0.10 亿 m³，2001—2016 年时段多年平均降水量比 1956—2016 年时段增加了 0.27 亿 m³。

中宁县 1981—2000 年时段多年平均降水量比 1956—1980 年时段减少了 0.36 亿 m³，2001—2016 年时段多年平均降水量比 1981—2000 年时段增加了 0.49 亿 m³，2001—2016 年时段多年平均降水量比 1956—1980 年时段增加了 0.13 亿 m³，1956—2016 年时段多年平均降水量比 1956—2000 年时段增加了 0.08 亿 m³，2001—2016 年时段多年平均降水量比 1956—2016 年时段增加了 0.21 亿 m³。

海原县 1981—2000 年时段多年平均降水量比 1956—1980 年时段减少了 1.19 亿 m³，2001—2016 年时段多年平均降水量比 1981—2000 年时段减少了 0.63 亿 m³，2001—2016 年时段多年平均降水量比 1956—1980 年时段减少了 1.82 亿 m³，1956—2016 年时段多年平均降水量比 1956—2000 年时段减少了 0.34 亿 m³，2001—2016 年时段多年平均降水量比 1956—2016 年时段减少了 0.95 亿 m³。

中卫市各县级行政区不同时段降水量如图 3.26 所示。

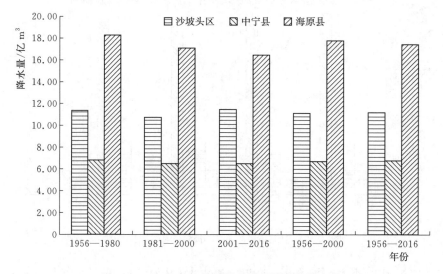

图 3.26　中卫市各县级行政区不同时段降水量

5. 代表站点降水量变化

中卫市降水量年内分配受水汽条件和地理位置的影响，地区间降水年内分配存在差异，降水季节性变化也不尽相同。中卫市春季为 3—5 月，夏季为 6—8 月，秋季为 9—11 月，冬季为 12 月到翌年 2 月。采用关庄雨量站、泉眼山雨量站、梁家水园雨量站 1956—2016 年降水量分析中卫市代表站点降水变化特征。

（1）关庄雨量站。通过分析，关庄雨量站 1956—2016 年多年平均降水量为 385.0mm，降水年际整体呈现明显的下降趋势。关庄雨量站最大降水量为

748.4mm，出现年份为 1964 年，最小降水量为 216.7mm，出现在 1980 年，极值比为 3.45，说明该站降水量年际变化较为剧烈。关庄雨量站降水量年际变化特征如图 3.27 所示。

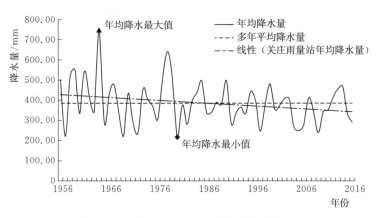

图 3.27 关庄雨量站降水量年际变化特征

通过分析，关庄雨量站最大月均降水量出现在 8 月，为 77.9mm，占全年降水量的 20.23%；最小月均降水量出现在 12 月，仅为 2.7mm，占全年降水量的 0.70%。该站降水量年内分配主要集中在 7—9 月，占全年降水量的 55.42%。关庄雨量站降水年内分布特征如图 3.28 所示。

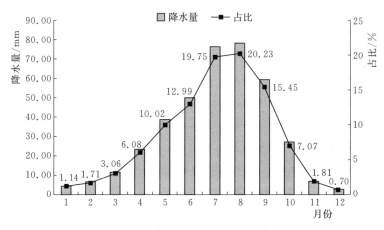

图 3.28 关庄雨量站降水年内分布特征

对于关庄雨量站，冬季是降水最少的季节，多年平均降水量为 13.7mm，占全年降水量的 3.55%，降水量较小月份出现在 12 月和 1 月；夏季是降水较丰的季节，多年平均降水量为 203.9mm，占全年降水量的 52.96%；秋季降水量为 93.7mm，占全年降水量的 24.33%；春季降水量为 73.87mm，占全年降水量的

19.16%。关庄雨量站降水季节分布特征如图 3.29 所示。此外，关庄雨量站冬季降水年际变化相对稳定，春季、夏季、秋季降水年际变化剧烈，其中，夏季降水年际变化最为剧烈。关庄雨量站春季降水量最大值为 143.7mm，最小值为 0；夏季降水量最大值为 396.4mm，最小值为 103.6mm；秋季降水量最大值为 182.1mm，最小值为 28.4mm；冬季降水量最大值为 41.7mm，最小值为 0.0mm。关庄雨量站不同季节降水量年际变化特征如图 3.30 所示。

（2）泉眼山雨量站。通过分析，泉眼山雨量站 1956—2016 年多年平均降水量为 189.30mm，降水年际整体变化不显著。泉眼山雨量站最大降水量为

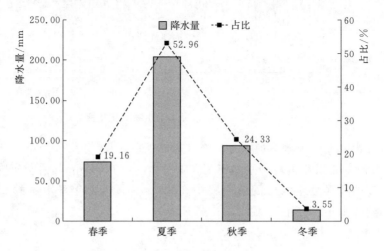

图 3.29 关庄雨量站降水季节分布特征

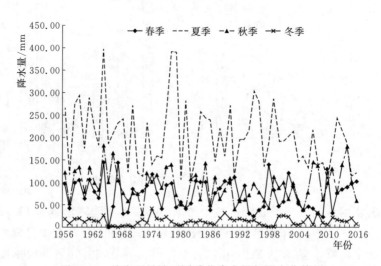

图 3.30 关庄雨量站不同季节降水量年际变化特征

333.40mm，出现年份为 1964 年，最小降水量为 47.00mm，出现在 1968 年，极值比为 7.09，说明该站降水量年际变化十分剧烈。泉眼山雨量站降水量年际变化特征如图 3.31 所示。

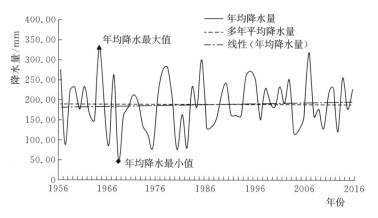

图 3.31　泉眼山雨量站降水量年际变化特征

通过分析，泉眼山雨量站最大月均降水量出现在 8 月，为 48.40mm，占全年降水量的 25.56％；最小月均降水量出现在 12 月，仅为 0.50mm，占全年降水量的 0.27％。该站降水量年内分配主要集中在 7—9 月，占全年降水量的59.44％。泉眼山雨量站降水年内分布特征如图 3.32 所示。

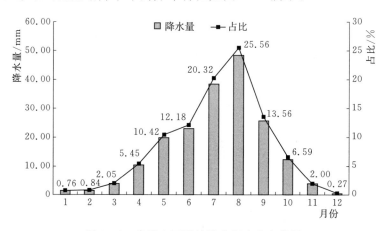

图 3.32　泉眼山雨量站降水年内分布特征

对于泉眼山雨量站，冬季是降水最少的季节，多年平均降水量为 3.50mm，占全年降水量的 1.86％，降水量较小月份出现在 12 月和 1 月；夏季是降水较丰的季节，多年平均降水量为 109.90mm，占全年降水量的 58.06％；秋季降水量为 41.90mm，占全年降水量的 22.15％；春季降水量为 33.90mm，占全年降水量的 17.93％。泉眼山雨量站降水季节分布特征如图 3.33 所示。此外，泉眼山雨量站冬季降水年际变化相对稳定，春季、夏季、秋季降水年际变化剧烈，其中，夏季降水年际变化最为剧烈。泉眼山雨量站春季降水量最大值为 96.80mm，最小值为 1.00mm；夏季降水量最大值为 219.60mm，最小值为 0；秋季降水量最大值为 114.20mm，最小值为 0；冬季降水量最大值为 16.30mm，最小值为 0。泉眼山雨量站不同季节降水量年际变化特征如图 3.34 所示。

（3）梁家水园雨量站。通过分析，梁家水园雨量站 1956—2016 年多年平均降水量为 216.70mm，降水年际整体呈现上升趋势。梁家水园雨量站最大降水量

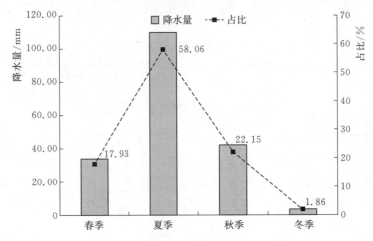

图 3.33 泉眼山雨量站降水季节分布特征

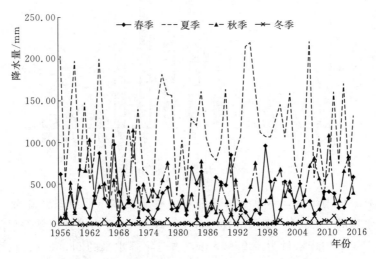

图 3.34 泉眼山雨量站不同季节降水量年际变化特征

为 388.50mm，出现年份为 2014 年，最小降水量为 87.50mm，出现在 1957 年，极值比为 4.44，说明该站降水量年际变化较为剧烈。梁家水园雨量站降水量年际变化特征如图 3.35 所示。

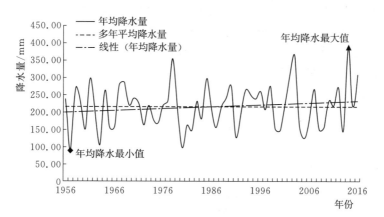

图 3.35 梁家水园雨量站降水量年际变化特征

通过分析，梁家水园雨量站最大月均降水量出现在 8 月，为 48.30mm，占全年降水量的 22.28%；最小月均降水量出现在 12 月，仅为 0.80mm，占全年降水量的 0.37%。该站降水量年内分配主要集中在 7—9 月，占全年降水量的 56.57%。梁家水园雨量站降水年内分布特征如图 3.36 所示。

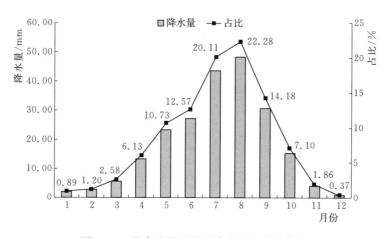

图 3.36 梁家水园雨量站降水年内分布特征

对于梁家水园雨量站，冬季是降水最少的季节，多年平均降水量为 5.30mm，占全年降水量的 2.46%，降水量较小月份出现在 12 月和 1 月；夏季是降水较丰的季节，多年平均降水量为 119.10mm，占全年降水量的 54.96%；

秋季降水量为 50.10mm，占全年降水量的 23.14％；春季降水量为 42.10mm，占全年降水量的 19.44％。梁家水园雨量站降水季节分布特征如图 3.37 所示。此外，梁家水园雨量站冬季降水年际变化相对稳定，春季、夏季、秋季降水年际变化剧烈，其中，夏季降水年际变化最为剧烈。梁家水园雨量站春季降水量最大值为 120.70mm，最小值为 0；夏季降水量最大值为 249.00mm，最小值为 36.30mm；秋季降水量最大值为 110.40mm，最小值为 8.30mm；冬季降水量最大值为 21.40mm，最小值为 0。梁家水园雨量站不同季节降水量年际变化特征如图 3.38 所示。

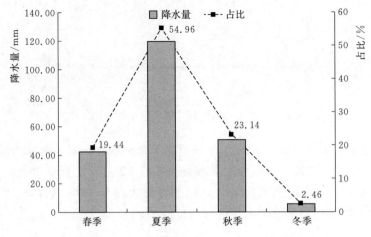

图 3.37　梁家水园雨量站降水季节分布特征

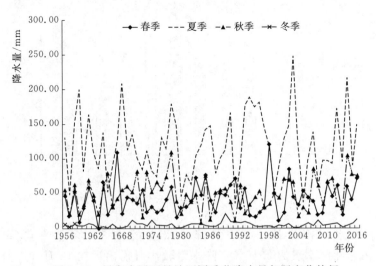

图 3.38　梁家水园雨量站不同季节降水量年际变化特征

3.3.1.2 蒸发

蒸发是自然界水文循环与水量平衡的重要项目，是影响水资源的重要水文要素。蒸发能力是指充分供水条件下的陆面蒸发量，其大小可以反映气候干湿状况，主要受气温、湿度、风力、水面温度、辐射等气象因素的综合影响。一般来说，温度越高，空气湿度饱和差越大，风速越大，蒸发越大。一般气温随高程的增加而降低，即同一地区，水面蒸发量随高程增加而减少。

蒸发能力可近似用 E601 型蒸发器观测的水面蒸发量代替，因此该水面蒸发量是反映当地蒸发能力的指标。本次研究收集选用具有长系列资料的水面蒸发站，中卫市内 7 个，分别是兴仁站、泉眼山站、海原站、韩府湾站、中卫站、胜金关站、中宁站。上述 7 个蒸发站能够代表近期下垫面条件的 1980—2016 年20cm 蒸发器实测蒸发资料，取折算系数 0.62，统一换算为 E601 蒸发器水面蒸发量 1980—2016 年的系列成果。中卫市蒸发评价选用蒸发站基本情况见表3.20。基于上述 7 个蒸发代表站，中卫市水面蒸发量采用泰森多边形法进行计算。

表 3.20　　　　　中卫市蒸发评价选用蒸发站基本情况

序号	测站名称	站别	地址（县、乡、村）	地理坐标					
				东经			北纬		
				(°)	(′)	(″)	(°)	(′)	(″)
1	兴仁	蒸发站（代表站）	沙波头区兴仁镇	105	15	13.6	36	56	21.7
2	泉眼山	蒸发站（代表站）	中宁县舟塔乡潘营村	105	32	42	37	28	15
3	海原	蒸发站（代表站）	海原县黎庄村	105	37	50.32	36	32	59.01
4	韩府湾	蒸发站（代表站）	海原县李旺镇韩府湾村	106	8	45.17	36	35	45.43
5	中卫	蒸发站（代表站）	沙波头区北效汪家营子	105	11	0	37	32	0
6	胜金关	蒸发站（代表站）	沙波头区镇罗镇胜金关村	105	26	49.9	37	30	45.7
7	中宁	蒸发站（代表站）	中宁县红星乡	105	40	0	37	29	0

1. 水面蒸发量年际变化

区域水面蒸发量的多年变化主要受各种气候影响，特别受气温、降水的影响，同一地区年降水、气温、湿度变化较大，则蒸发量变化也较大，气候条件的年际变化平缓，水面蒸发的年际变化要相对较小。与年降水量和年径流量相比，水面蒸发量的年际变化相对较小。

通过分析，中卫市多年平均水面蒸发量为 1256.4mm，最大水面蒸发量为1431.1mm，出现在 2001 年，最小水面蒸发量为 1138.5mm，出现在 2015 年，极值比为 1.26。中卫市水面蒸发量要远大于降水量。中卫市水面蒸发量年际变化特征如图 3.39 所示。

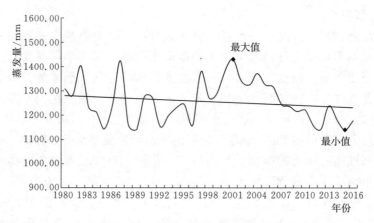

图 3.39　中卫市水面蒸发量年际变化特征

2. 水面蒸发量年内分布

中卫市水面蒸发量最大月份为 5 月,最小月份为 1 月,水面蒸发主要集中在 4—8 月,可占全年水面蒸发量的 65.62%,这是由于气温升高、干燥等多种因素造成。中卫市水面蒸发量年内分布特征如图 3.40 所示。

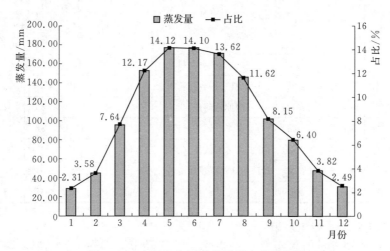

图 3.40　中卫市水面蒸发量年内分布特征

3. 水面蒸发量季节变化

(1)年内分布。中卫市水面蒸发量较大的季节为夏季和春季,夏季是水面蒸发量最大的季节。中卫市水面蒸发量季节年内分布特征如图 3.41 所示。

(2)年际变化。1980—2016 年中卫市春季水面蒸发最大值为 508.3mm,最小值为 354.3mm,极值比为 1.43;夏季水面蒸发最大值为 602.0mm,最小值为 428.3mm,极值比为 1.41;秋季水面蒸发最大值为 300.1mm,最小

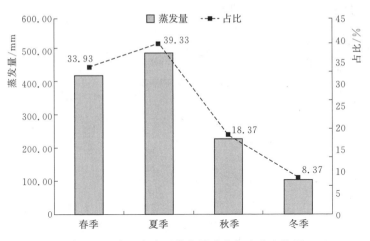

图 3.41　中卫市水面蒸发量季节年内分布特征

值为 170.3mm，极值比为 1.76；冬季水面蒸发最大值为 127.7mm，最小值为 69.7mm，极值比为 1.83。中卫市水面蒸发量季节年际变化特征如图 3.42 所示。

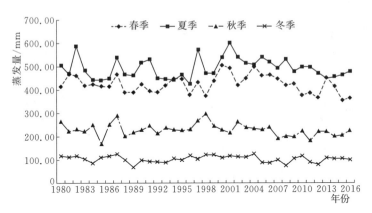

图 3.42　中卫市水面蒸发量季节年际变化特征

4. 代表站点水面蒸发量变化

选择兴仁蒸发站、泉眼山蒸发站为代表站。

（1）兴仁蒸发站。兴仁蒸发站多年平均水面蒸发量为 1418.8mm，水面蒸发量最大值为 1637.4mm，出现在 1980 年，水面蒸发量最小值为 1226.5mm，出现在 1989 年，极值比为 1.34。兴仁蒸发站水面蒸发量年际变化不显著。兴仁蒸发站水面蒸发量年际变化特征如图 3.43 所示。

兴仁蒸发站月均水面蒸发量最大月份为 6 月，水面蒸发量最小月份为 1 月，水面蒸发主要集中在 5—7 月，占全年水面蒸发量的 43.23%。兴仁蒸发站水面蒸发量年内分布特征如图 3.44 所示。

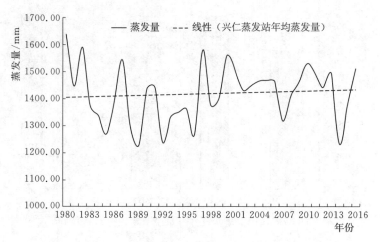

图 3.43 兴仁蒸发站水面蒸发量年际变化特征

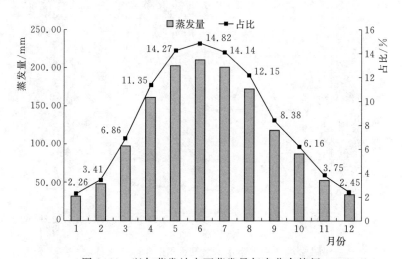

图 3.44 兴仁蒸发站水面蒸发量年内分布特征

兴仁蒸发站水面蒸发量较大的季节为夏季和春季，夏季是水面蒸发量最大的季节。兴仁蒸发站水面蒸发量季节年内分布特征如图 3.45 所示。

（2）泉眼山蒸发站。泉眼山蒸发站多年平均水面蒸发量为 1428.4mm，水面蒸发量最大值为 2014.0mm，出现在 2001 年，水面蒸发量最小值为 1150.6mm，出现在 2011 年，极值比为 1.75。泉眼山蒸发站水面蒸发量年际变化不显著。泉眼山蒸发站水面蒸发量年际变化特征如图 3.46 所示。

泉眼山蒸发站月均水面蒸发量最大月份为 5 月，水面蒸发量最小月份为 1

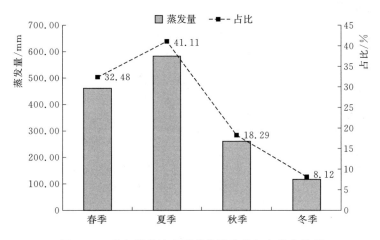

图 3.45 兴仁蒸发站水面蒸发量季节年内分布特征

图 3.46 泉眼山蒸发站水面蒸发量年际变化特征

月，水面蒸发主要集中在 4—6 月，占全年水面蒸发量的 42.14%。泉眼山蒸发站水面蒸发量年内分布特征如图 3.47 所示。

泉眼山蒸发站水面蒸发量较大的季节为夏季和春季，夏季是水面蒸发量最大的季节。泉眼山蒸发站水面蒸发量季节年内分布特征如图 3.48 所示。

综上所述，兴仁蒸发站、泉眼山蒸发站点水面蒸发量年际变化并不剧烈，代表站点月均水面蒸发量最大月份基本为 5 月，水面蒸发量主要集中在 5—7 月。夏季和春季是各蒸发站水面蒸发量较大的季节。

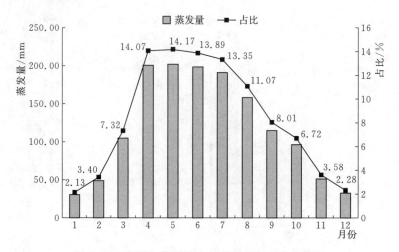

图 3.47　泉眼山蒸发站水面蒸发量年内分布特征

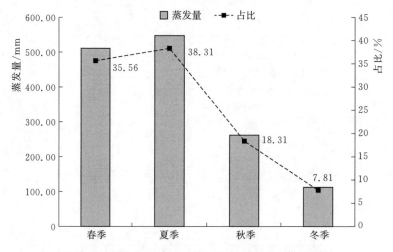

图 3.48　泉眼山蒸发站水面蒸发量季节年内分布特征

5. 干旱指数

干旱指数（r）是反映一个地区气候干湿程度的指标。用年蒸发能力（E601水面蒸发量）与年降水量的比值来表示。干旱指数大于 1 时，说明水面蒸发能力大于降水量，该区气候干燥，r 越大，表示越干燥。干旱指数小于 1 时，说明年降水量大于年蒸发能力，表示该地区气候湿润。中卫市代表站 1980—2016 年多年平均干旱指数计算结果见表 3.21。

由于地形复杂、空间跨度较大，在地区上的分布差异较大，中卫市干旱指数为 5.7～6.3。中卫市多年平均干旱指数为 6.1，反映了中卫市干旱的气候特点。

表 3.21　　　中卫市代表站 1980—2016 年多年平均干旱指数计算结果

序　号	测站名称	多年平均水面蒸发量/mm	干旱指数
1	兴仁	1418.8	6.1
2	泉眼山	1428.4	6.3
3	海原	1172.5	5.7
4	韩府湾	1207.6	6.0
5	中卫	1197.9	5.7
6	胜金关	1097.5	5.8
7	中宁	1272.3	6.0

3.3.2　地表水资源量分析

3.3.2.1　河川径流量

黄河干流穿梭于中卫市，设立的水文监测站为下河沿水文站；清水河和红柳沟是中卫市设立把口监测站的两条主要河流，为黄河流域贡献了一定量的水资源。根据水资源分区、地貌类型特点和资料系列情况，选择清水河泉眼山水文站 1956—2016 年实测月径流数据，红柳沟鸣沙洲水文站 1956—2016 年实测月径流数据，以及黄河干流下河沿水文站 1956—2016 年实测月径流数据，通过河川天然径流量还原计算，对主要河流河川天然径流量变化特征进行评价。

根据中卫市河流降水、径流关系曲线，可将中卫市河流年内月份划分为三个时段，分别为：汛期为 6—9 月，非汛期为 3—5 月、10—11 月，冰冻期为 12 月至次年 2 月。

1. 下河沿（黄河干流）断面天然河川径流量变化特征

（1）年际变化。下河沿（黄河干流）断面多年平均天然河川径流量为 317.9 亿 m³，最大天然河川径流量为 524.1 亿 m³，出现在 1967 年，最小天然河川径流量为 199.4 亿 m³，出现在 2002 年，极值比高达 2.63，说明下河沿（黄河干流）断面天然河川径流变化不剧烈。下河沿（黄河干流）断面汛期天然河川径流量为 179.6 亿 m³，占全年径流量的 56.49%；非汛期天然河川径流量为 111.1 亿 m³，占全年径流量的 34.96%；冰冻期天然河川径流量为 27.2 亿 m³，占全年径流量的 8.55%。下河沿（黄河干流）断面年均天然河川径流量变化趋势不明显。下河沿（黄河干流）断面天然河川径流年际变化特征如图 3.49 所示。

（2）年内分布。下河沿（黄河干流）断面天然河川径流量月均最大值出现

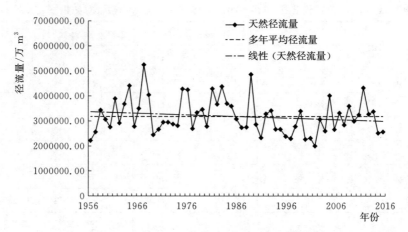

图 3.49　下河沿（黄河干流）断面天然河川径流年际变化特征

在 7 月，为 51.1 亿 m^3，占全年天然河川径流量的 16.07%；月均最小值出现在 1 月，为 8.3 亿 m^3，占全年天然河川径流量的 2.63%。下河沿（黄河干流）断面天然河川径流量年内分配不均，年内分布主要集中在 6—9 月，占全年天然河川径流量的 56.49%。下河沿（黄河干流）断面天然河川径流年内分布特征如图 3.50 所示。

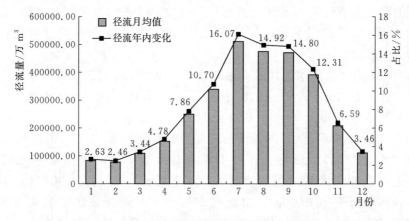

图 3.50　下河沿（黄河干流）断面天然河川径流年内分布特征

（3）年代变化。下河沿（黄河干流）断面 1981—2000 年多年平均天然河川径流比 1956—1980 年减少了 10.8 亿 m^3，2001—2016 年多年平均天然河川径流比 1981—2000 年减少了 12.8 亿 m^3；下河沿（黄河干流）断面 1956—2016 年多年平均天然河川径流比 1956—2000 年减少了 4.9 亿 m^3；由此可知，下河沿（黄河干流）断面天然河川径流量呈现明显的减少特征。

下河沿（黄河干流）断面不同时期天然河川径流量见表3.22。

表3.22   下河沿（黄河干流）断面不同时期天然河川径流量

年　份	径　流　量/亿 m³			
	汛期	非汛期	冰冻期	全年
1956—1980	184.7	115.6	27.3	327.6
1981—2000	183.1	108.4	25.3	316.8
2001—2016	167.1	107.6	29.3	304.0
1956—2000	184.0	112.4	26.4	322.8
1956—2016	179.6	111.1	27.2	317.9

在汛期，下河沿（黄河干流）断面1981—2000年多年平均天然河川径流比1956—1980年减少了1.6亿 m³，2001—2016年多年平均天然河川径流比1981—2000年减少了16.0亿 m³；下河沿（黄河干流）断面1956—2016年多年平均天然河川径流比1956—2000年减少了4.4亿 m³。说明下河沿（黄河干流）断面汛期天然河川径流呈现明显的减少特征。

在非汛期，下河沿（黄河干流）断面1981—2000年多年平均天然河川径流比1956—1980年减少了7.2亿 m³，2001—2016年多年平均天然河川径流比1981—2000年减少了0.8亿 m³；下河沿（黄河干流）断面1956—2016年多年平均天然河川径流比1956—2000年减少了1.3亿 m³，说明下河沿（黄河干流）断面非汛期天然河川径流呈现明显的减少趋势。

在冰冻期，下河沿（黄河干流）断面1981—2000年多年平均天然河川径流比1956—1980年减少了2.0亿 m³，2001—2016年多年平均天然河川径流比1981—2000年增加了4.0亿 m³；下河沿（黄河干流）断面1956—2016年多年平均天然河川径流比1956—2000年增加了0.8亿 m³，说明下河沿（黄河干流）断面冰冻期天然河川径流呈现微弱的增加特征。

综上可知，中卫市下河沿（黄河干流）断面天然径流呈现明显的减少特征，这是由于汛期与非汛期径流减少的缘故。下河沿（黄河干流）断面不同时期与年代天然河川径流量变化特征如图3.51所示。

2. 清水河天然河川径流量变化特征

（1）年际变化。清水河流域多年平均天然河川径流量为18771.0万 m³，最大天然河川径流量为54000.4万 m³，出现在1964年，最小天然河川径流量为7311.1万 m³，出现在2008年，极值比高达7.39，说明清水河天然河川径流变化十分剧烈。清水河汛期天然河川径流量为12585.1万 m³，占全年径流量的67.05%；非汛期天然河川径流量为4931.1万 m³，占全年径流

量的 26.27%；冰冻期天然河川径流量为 1254.8 万 m³，占全年径流量的
6.68%。清水河流域年均天然河川径流量呈现明显的减少趋势，径流年际
间变化较为显著。清水河（泉眼山水文站）天然河川径流年际变化特征如图
3.52 所示。

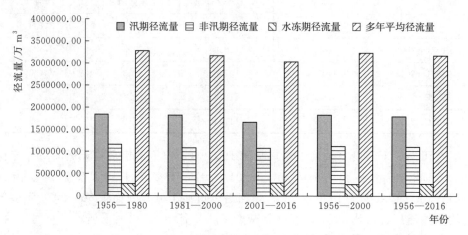

图 3.51　下河沿（黄河干流）断面不同时期与年代天然河川径流量变化特征

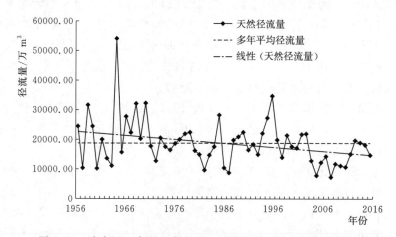

图 3.52　清水河（泉眼山水文站）天然河川径流年际变化特征

（2）年内分布。清水河天然河川径流量月均最大值出现在 8 月，为 4709.6
万 m³，占全年天然河川径流量的 25.09%；月均最小值出现在 1 月，为 370.3
万 m³，仅占全年天然河川径流量的 1.97%，此时河流封冻，降水减少，径流主
要靠地下水补给，径流相对较小。清水河天然河川径流量年内分配不均，年内
分布主要集中在 6—9 月，占全年径流量的 67.05%。清水河（泉眼山水文站）
天然河川径流年内分布特征如图 3.53 所示。

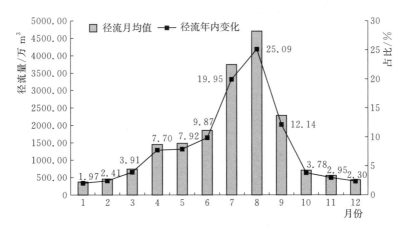

图3.53 清水河（泉眼山水文站）天然河川径流年内分布特征

（3）年代变化。清水河1981—2000年多年平均天然河川径流比1956—1980年减少了2679.6万m³，2001—2016年多年平均天然河川径流比1981—2000年减少了3995.1万m³；1956—2016年多年平均天然河川径流比1956—2000年减少了1438.4万m³。由此可知，清水河天然河川径流量呈现明显的减少特征。

清水河（泉眼山水文站）不同时期天然河川径流量见表3.23。

表3.23　　　　　清水河（泉眼山水文站）不同时期天然河川径流量

年　份	径　流　量/万 m³			
	汛　期	非汛期	冰冻期	全　年
1956—1980	15368.2	5400.1	632.0	21400.3
1981—2000	13144.0	4509.8	1066.9	18720.7
2001—2016	7537.8	4725.0	2462.8	14725.6
1956—2000	14379.7	5004.4	825.3	20209.4
1956—2016	12585.1	4931.1	1254.8	18771.0

在汛期，清水河1981—2000年多年平均天然河川径流比1956—1980年减少了2224.2万m³，2001—2016年多年平均天然河川径流比1981—2000年减少了5606.2万m³，1956—2016年多年平均天然河川径流比1956—2000年减少了1794.6万m³；由此可知，清水河汛期天然河川径流量呈现明显的减少趋势，因此，汛期径流减少是清水河径流减少的主要原因。

在非汛期，清水河1981—2000年多年平均天然河川径流比1956—1980年减少了890.3万m³，2001—2016年多年平均天然河川径流比1981—2000年增加了215.2万m³，1956—2016年多年平均天然河川径流比1956—2000年减少了

73.3万 m³。由此可知，清水河非汛期天然河川径流量近些年有增加趋势，但整体仍呈现减少特征。

在冰冻期，清水河 1981—2000 年多年平均天然河川径流比 1956—1980 年增加了 434.9 万 m³，2001—2016 年多年平均天然河川径流比 1981—2000 年增加了 1395.9 万 m³，1956—2016 年多年平均天然河川径流比 1956—2000 年增加了 429.5 万 m³。由此可知，清水河冰冻期天然河川径流量呈现明显的增加特征。

清水河（泉眼山水文站）不同时期与年代天然河川径流量变化特征如图 3.54 所示。

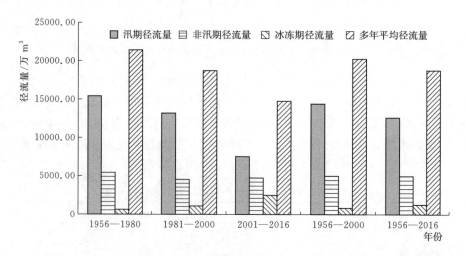

图 3.54　清水河（泉眼山水文站）不同时期与年代天然河川径流量变化特征

3. 红柳沟天然河川径流量变化特征

（1）年际变化。红柳沟流域多年平均天然河川径流量为 644.6 万 m³，最大天然河川径流量为 2160.0 万 m³，出现在 1968 年，最小天然河川径流量为 53.0 万 m³，出现在 1963 年，极值比高达 40.75，说明红柳沟天然河川径流变化极度剧烈。红柳沟汛期天然河川径流量为 375.9 万 m³，占全年径流量的 58.32%；非汛期天然河川径流量为 185.2 万 m³，占全年径流量的 28.73%；冰冻期天然河川径流量为 83.4 万 m³，占全年径流量的 12.95%。红柳沟流域年均天然河川径流量变化趋势不明显。红柳沟（鸣沙洲水文站）天然河川径流年际变化特征如图 3.55 所示。

（2）年内变化。红柳沟天然河川径流量月均最大值出现在 8 月，为 169.5 万 m³，占全年天然河川径流量的 26.29%；月均最小值出现在 1 月，为 22.5 万 m³，占全年天然河川径流量的 3.49%，此时河流封冻，降水减少，径流主要靠地下水

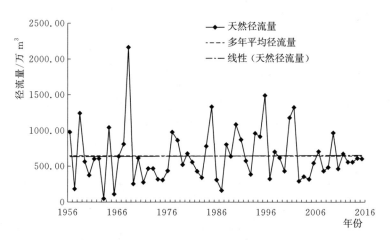

图 3.55 红柳沟（鸣沙洲水文站）天然河川径流年际变化特征

补给，径流相对较小。红柳沟天然河川径流量年内分配不均，年内分布主要集中在 6—9 月，占全年径流量的 58.32%。红柳沟（鸣沙洲水文站）天然河川径流年内变化特征如图 3.56 所示。

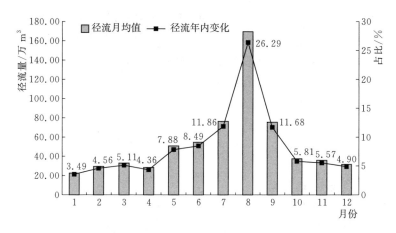

图 3.56 红柳沟（鸣沙洲水文站）天然河川径流年内变化特征

（3）年代变化。红柳沟 1981—2000 年多年平均天然河川径流比 1956—1980 年增加了 64.2 万 m³，2001—2016 年多年平均天然河川径流比 1981—2000 年减少了 57.5 万 m³，1956—2016 年多年平均天然河川径流比 1956—2000 年减少了 5.7 万 m³。由此可知，红柳沟天然河川径流量基本处于稳定状态。

红柳沟（鸣沙洲水文站）不同时期天然河川径流量见表 3.24。

表 3.24　　　　　红柳沟（鸣沙洲水文站）不同时期天然河川径流量

年　份	径　流　量/万 m³			
	汛　期	非汛期	冰冻期	全　年
1956—1980	382.2	169.2	70.4	621.8
1981—2000	359.6	220.4	106.0	686.0
2001—2016	386.7	166.3	75.5	628.5
1956—2000	372.1	191.9	86.3	650.3
1956—2016	375.9	185.2	83.4	644.6

在汛期，红柳沟 1981—2000 年多年平均天然河川径流比 1956—1980 年减少了 22.6 万 m³，2001—2016 年多年平均天然河川径流比 1981—2000 年增加了 27.1 万 m³，1956—2016 年多年平均天然河川径流比 1956—2000 年增加了 3.8 万 m³。说明红柳沟汛期天然河川径流呈现微弱的增加趋势。

在非汛期，红柳沟 1981—2000 年多年平均天然河川径流比 1956—1980 年增加了 51.2 万 m³，2001—2016 年多年平均天然河川径流比 1981—2000 年减少了 54.1 万 m³，1956—2016 年多年平均天然河川径流比 1956—2000 年减少了 6.7 万 m³。说明红柳沟非汛期天然河川径流呈现微弱的减少趋势。

在冰冻期，红柳沟 1981—2000 年多年平均天然河川径流比 1956—1980 年增加了 35.6 万 m³，2001—2016 年多年平均天然河川径流比 1981—2000 年减少了 30.5 万 m³，1956—2016 年多年平均天然河川径流比 1956—2000 年减少了 2.9 万 m³。说明红柳沟冰冻期天然河川径流呈现微弱的减少趋势。

红柳沟（鸣沙洲水文站）不同时期与年代天然河川径流量变化特征如图 3.57 所示。

3.3.2.2　分区地表水资源量

1. 多年平均地表水资源量变化

1956—2016 年中卫市多年平均地表水资源量为 10945.56 万 m³，折合径流深 8.09mm，最大值为 26674.10 万 m³，最小值为 4852.50 万 m³，极值比为 5.50，说明中卫市地表水资源量变化十分剧烈。从水资源分区来看，多年平均地表水资源量最大的水资源分区是清水河分区，最小的水资源分区是甘塘内陆区分区；甘塘内陆区分区地表水资源年际变化较为剧烈。从行政分区来看，海原县多年平均地表水资源量最大，中宁县多年平均地表水资源量最小；海原县地表水资源年际变化较为剧烈。中卫市地表水资源量统计见表 3.25。

表 3.25　中卫市地表水资源量统计

分区		面积/km²	多年平均地表水资源量/万m³	径流深/mm	C_v	不同频率地表水资源量/万m³					最大地表水资源量/万m³	最小地表水资源量/万m³	极值比
						20%	50%	75%	90%	95%			
水资源分区	引黄灌区	923	2014.40	21.85	0.31	2465.36	1965.47	1556.68	1205.27	1084.41	3776.15	871.84	4.33
	黄左	1453	145.17	1.00	0.30	177.57	139.97	113.64	87.53	79.16	272.89	62.79	4.35
	黄右	3253	835.36	2.57	0.30	1030.93	799.69	651.57	510.96	486.69	1570.41	360.31	4.36
	甘塘内陆区	407	99.87	2.45	0.47	136.00	86.00	62.00	46.00	32.00	244.20	24.00	10.18
	清水河	7493	7850.75	10.48	0.37	9696.18	7605.08	6005.08	4563.45	3952.63	21791.03	3435.45	6.34
行政分区	沙坡头区	5338	2532.00	4.74	0.29	3102.10	2399.40	2000.60	1583.50	1411.20	4805.60	1168.00	4.11
	中宁县	3190	1739.59	5.45	0.34	2255.10	1629.70	1338.80	962.10	813.90	3169.90	692.00	4.58
	海原县	5001	6673.96	13.35	0.40	8260.60	6586.80	5197.50	3579.50	3134.40	20022.20	2926.70	6.84
合计		13529	10945.56	8.09	0.33	13376.60	10600.90	8263.00	6579.00	5680.00	26674.10	4852.50	5.50

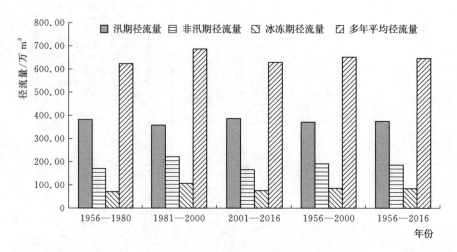

图 3.57 红柳沟（鸣沙洲水文站）不同时期与年代天然河川径流量变化特征

2. 地表水资源量年际变化

中卫市地表水资源量年际变化较为剧烈，但整体变化趋势不显著，中卫市地表水资源量年际变化特征如图 3.58 所示。清水河分区地表水资源量比其他分区大，年际间变化比其他水资源分区明显，中卫市各水资源分区地表水资源量年际变化特征如图 3.59 所示。海原县地表水量较大，年际间变化较为明显，同时，各县区地表水资源量年际间变化特征十分相似，中卫市各县级行政区地表水资源量年际变化特征如图 3.60 所示。

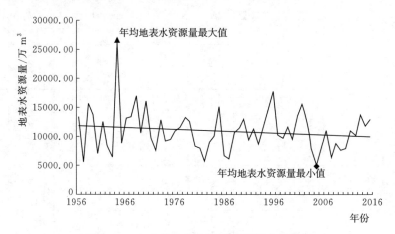

图 3.58 中卫市地表水资源量年际变化特征

3. 地表水资源量不同年代变化

中卫市 1981—2000 年多年平均地表水资源量比 1956—1980 年减少了

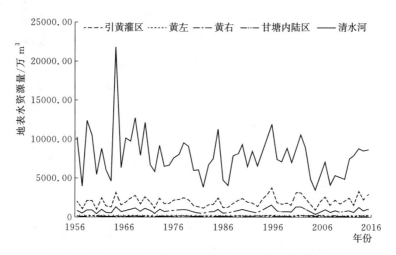

图 3.59　中卫市各水资源分区地表水资源量年际变化特征

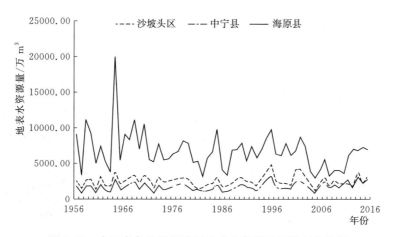

图 3.60　中卫市各县级行政区地表水资源量年际变化特征

1244.46 万 m³，减少百分比为 10.58%，2001—2016 年多年平均地表水资源量比 1981—2000 年减少了 315.43 万 m³，减少百分比为 3.00%，1956—2016 年多年平均地表水资源量比 1956—2000 年减少了 264.07 万 m³，减少百分比为 2.36%。由此可知，中卫市地表水资源量呈现减少特征。

　　从水资源分区看，引黄灌区分区 1981—2000 年多年平均地表水资源量比 1956—1980 年减少了 79.63 万 m³，2001—2016 年多年平均地表水资源量比 1981—2000 年增加了 334.17 万 m³，1956—2016 年多年平均地表水资源量比 1956—2000 年增加了 76.06 万 m³。由此可知，引黄灌区分区地表水资源量呈现增加特征。

79

黄左分区 1981—2000 年多年平均地表水资源量比 1956—1980 年减少了 5.99 万 m^3，2001—2016 年多年平均地表水资源量比 1981—2000 年增加了 22.65 万 m^3，1956—2016 年多年平均地表水资源量比 1956—2000 年增加了 5.07 万 m^3。由此可知，黄左分区地表水资源量呈现增加特征。

黄右分区 1981—2000 年多年平均地表水资源量比 1956—1980 年减少了 50.20 万 m^3，2001—2016 年多年平均地表水资源量比 1981—2000 年增加了 64.07 万 m^3，1956—2016 年多年平均地表水资源量比 1956—2000 年增加了 9.49 万 m^3。由此可知，黄右分区地表水资源量呈现增加特征。

中卫市不同时期多年平均地表水资源量见表 3.26。

表 3.26　　　　　　中卫市不同时期多年平均地表水资源量

分　区		面积 /km^2	多年平均地表水资源量/万 m^3				
			1956— 1980 年	1981— 2000 年	2001— 2016 年	1956— 2000 年	1956— 2016 年
水资源 分区	引黄灌区	923	1973.75	1894.12	2228.29	1938.36	2014.40
	黄左	1453	142.77	136.78	159.43	140.10	145.17
	黄右	3253	848.18	797.98	862.05	825.87	835.36
	甘塘内陆区	407	81.52	100.35	127.94	89.89	99.87
	清水河	7493	8716.51	7589.04	6825.14	8215.41	7850.75
行政 分区	沙坡头区	5338	2551.55	2432.61	2625.70	2498.69	2532.00
	中宁县	3190	1641.29	1602.77	2064.23	1624.17	1739.59
	海原县	5001	7569.89	6482.89	5512.92	7086.78	6673.96
合　　计		13529	11762.73	10518.27	10202.84	11209.63	10945.56

甘塘内陆区分区 1981—2000 年多年平均地表水资源量比 1956—1980 年增加了 18.83 万 m^3，2001—2016 年多年平均地表水资源量比 1981—2000 年增加了 27.59 万 m^3，1956—2016 年多年平均地表水资源量比 1956—2000 年增加了 9.98 万 m^3。由此可知，甘塘内陆区分区地表水资源量呈现增加特征。

清水河分区 1981—2000 年多年平均地表水资源量比 1956—1980 年减少了 1127.47 万 m^3，2001—2016 年多年平均地表水资源量比 1981—2000 年减少了 763.90 万 m^3，1956—2016 年多年平均地表水资源量比 1956—2000 年减少了 364.66 万 m^3。由此可知，清水河分区地表水资源量呈现明显的减少特征。

中卫市各水资源区不同时段多年平均地表水资源量如图 3.61 所示。

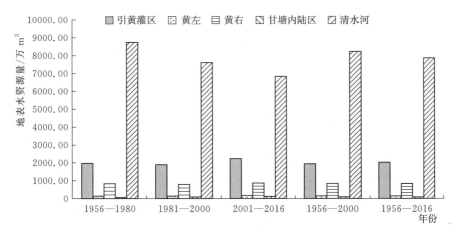

图 3.61　中卫市各水资源区不同时段多年平均地表水资源量

从县级行政区看，沙坡头区 1981—2000 年多年平均地表水资源量比 1956—1980 年减少了 118.94 万 m³，2001—2016 年多年平均地表水资源量比 1981—2000 年增加了 193.09 万 m³，1956—2016 年多年平均地表水资源量比 1956—2000 年增加了 33.31 万 m³。由此可知，沙坡头区地表水资源量呈现增加特征。

中宁县 1981—2000 年多年平均地表水资源量比 1956—1980 年减少了 38.52 万 m³，2001—2016 年多年平均地表水资源量比 1981—2000 年增加了 461.46 万 m³，1956—2016 年多年平均地表水资源量比 1956—2000 年增加了 115.42 万 m³。由此可知，中宁县地表水资源量呈现增加特征。

海原县 1981—2000 年多年平均地表水资源量比 1956—1980 年减少了 1087.00 万 m³，2001—2016 年多年平均地表水资源量比 1981—2000 年减少了 969.97 万 m³，1956—2016 年多年平均地表水资源量比 1956—2000 年减少了 412.82 万 m³。由此可知，海原县地表水资源量呈现明显的减少特征。

中卫市各县级行政区不同时段多年平均地表水资源量如图 3.62 所示。

3.3.3　地下水资源量分析

采用 2001—2016 年（以下简称评价期）平均值作为中卫市地下水资源量。重点评价矿化度 $M \leqslant 2g/L$ 的地下水资源量，并将矿化度 $M \leqslant 2g/L$ 的地下水资源量作为可开采的地下水资源量。

以水资源三级区套省级行政区为基础，中卫市本次按Ⅰ～Ⅱ级依次划分类型区。根据地形地貌特征，将Ⅰ级类型区划分为平原区、山丘区两类。中卫市平原区面积为 1991km²，山丘区面积为 11538km²。依据地下水水质资料划分出不同矿化度地下水的分布范围，再与平原区和山丘区分区进行叠加，得到平原

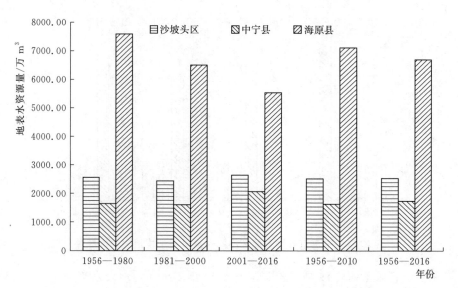

图 3.62 中卫市各县级行政区不同时段多年平均地表水资源量

区矿化度（M）≤2g/L 的面积为 1284km^2，M>2g/L 的面积为 85km^2；山丘区矿化度（M）≤2g/L 的面积为 2832km^2，M>2g/L 的面积为 8706km^2。中卫市平原区和山丘区矿化度分区面积见表 3.27。

表 3.27　　　　　　　　　中卫市平原区和山丘区矿化度分区面积

地下水 I 级类型区	分区面积（矿化度：g/L，面积：km^2）							
	≤1	1~2	2~3	3~5	>5	≤2	>2	合　计
平原区	1037	247	236	152	319	1284	707	1991
山丘区	187	2645	4012	3323	1371	2832	8706	11538

3.3.3.1　平原区地下水资源量计算

中卫市平原区浅层水的补给项主要包括降水入渗补给量、地表水体补给量（渠系渗漏补给量＋渠灌田间渗漏补给量）、山前侧向补给量、井灌回归补给量，各项补给量之和为总补给量。

以地下水总补给量扣除井灌回归补给量，为中卫市平原区地下水资源量。中卫市平原区多年平均地下水资源量约为 42620 万 m^3，其中矿化度 M≤2g/L 的地下水资源量约为 34770 万 m^3，M>2g/L 的地下水资源量约为 7850 万 m^3，见表 3.28。

3.3.3.2　山丘区地下水资源量计算

1. 河川基流量

河川基流量是指河川径流量中由地下水渗透补给河水的部分，即河道对地

表 3.28　　　　　　　中卫市山丘区与平原区水资源量特征

地下水Ⅰ级类型区	面积/km²	不同矿化度下地下水资源量（矿化度：g/L，水资源量：万 m³）							
		≤1	1～2	2～3	3～5	>5	≤2	>2	合计
平原区	1991	25110	9650	4180	2090	1580	34770	7850	42620
山丘区	11538	60	1760	1490	2090	1120	1820	4700	6520

下水的排泄量。选用中卫市代表水文站 2001—2016 年系列实测径流资料，利用直线斜割法确定基径比，进行山丘区基流量的计算，对于未控区选取下垫面条件相同或类似的水文站的基径比进行计算。

2. 地下水开采净消耗

山丘区地下水开采净消耗根据山丘区地下水开采使用情况，参照水资源公报历年用水消耗量成果，采用相应的耗水系数进行计算。

3. 山前侧向流出量

发生在山丘区与平原区界线上的山前侧向流出量，与该界线的平原区山前侧向补给量，是同一计算量。计算方法同平原区山前侧向补给量计算方法。山丘区地下水资源量直接采用各项排泄量计算结果。

3.3.3.3 多年平均地下水资源量

2001—2016 年中卫市多年平均地下水资源量 48870.00 万 m³，重复计算量为 45985.56 万 m³。从水资源分区来看，多年平均地下水资源量最大的水资源分区是引黄灌区分区，最小的水资源分区是黄左分区。从行政分区来看，中宁县多年平均地下水资源量最大，海原县多年平均地下水资源量最小。

中卫市地下水水资源量变化特征见表 3.29 和表 3.30。

表 3.29　　　　　　　中卫市地下水水资源量变化特征

分　区		面　积/km²	多年平均地下水资源	
			水量/万 m³	占比/%
水资源分区	引黄灌区	923	40443.25	82.8
	黄左	1453	192.18	0.4
	黄右	3253	1152.58	2.4
	甘塘内陆区	407	410.00	0.8
	清水河	7493	6671.99	13.6
行政分区	沙坡头区	5338	20240.00	41.4
	中宁县	3190	22930.00	46.9
	海原县	5001	5700.00	11.7
合　计		13529	48870.00	100.0

表 3.30   中卫市不同矿化度地下水水资源量变化特征

行政分区	面积/km²	不同矿化度下地下水资源量（矿化度：g/L，水资源量：万 m³）								不同矿化度重复计算量（矿化度：g/L，水资源量：万 m³）		
		≤1	1~2	2~3	3~5	>5	≤2	>2	合计	≤2	>2	合计
沙坡头区	5338	16110	1740	1710	680	0	17850	2390	20240	17100	2000	19110
中宁县	3190	8940	8550	3660	1650	140	17490	5450	22930	17250	5060	22300
海原县	5001	0	1100	270	1830	2500	1100	4590	5700	880	3690	4570
合 计	13529	25050	11390	5630	4170	2640	36440	12430	48870	35230	10750	45980

3.3.3.4 地下水可开采量

中卫市平原区多年平均地下水可开采量（$M \leqslant 2g/L$）为 15600 万 m³，其中，沙坡头区为 7840 万 m³，中宁县为 7760 万 m³，海原县为 0。中卫市平原区地下水可开采量见表 3.31。

表 3.31   中卫市平原区地下水可开采量（$M \leqslant 2g/L$）

行政分区	平原区面积/km²	地下水总补给量/万 m³	地下水资源量/万 m³	地下水可开采量/万 m³
沙坡头区	884	17420	17420	7840
中宁县	745	17350	17350	7760
海原县	361	0	0	0
合 计	1990	34770	34770	15600

中卫市山丘区多年平均地下水可开采量（$M \leqslant 2g/L$）为 990 万 m³，全部分布在海原县。中卫市山丘区地下水可开采量见表 3.32。

表 3.32   中卫市山丘区地下水可开采量（$M \leqslant 2g/L$）

行政分区	山丘区面积/km²	地下水可开采量/万 m³
海原县	4640	990
合 计	4640	990

考虑到中卫是水资源短缺地区，为了减轻对常规水开发利用的压力，利用非常规水资源是缓解水资源短缺的有效途径之一。本次主要针对用水量较大的县区，对 $M > 2g/L$ 的地下水可开采量也进行了估算，$M > 2g/L$ 的地下水可开采量约 3080 万 m³，其 $2g/L < M \leqslant 3g/L$ 的地下水可开采量约 1820 万 m³；$3g/L < M \leqslant 5g/L$ 的地下水可开采量约 1260 万 m³。

综上所述，中卫市地下水可开采量为 19670 万 m³，见表 3.33。

表 3.33   中卫市地下水可开采量

行政分区	面积/km²	平原区可采量 ($M \leqslant 2g/L$，万 m³)	山丘区可采量/万 m³					合 计/万 m³
			$M \leqslant 2g/L$	$M > 2g/L$				
				2~3	3~5	小计		
沙坡头区	5338	7840	0	510	0	510		8350
中宁县	3190	7760	0	1100	0	1100		8860
海原县	5001	0	990	210	1260	1470		2460
合 计	13529	15600	990	1820	1260	3080		19670

3.3.4 水资源总量分析

3.3.4.1 多年平均水资源总量

结合前述地表水资源量、地下水资源量分析，中卫市 1956—2016 年多年平均水资源总量为 13830.00 万 m³，其中多年平均地表水资源量为 10945.56 万 m³，多年平均地下水资源量为 48870.00 万 m³，地表水与地下水重复计算量为 45985.56 万 m³。

从水资源分区来看，多年平均水资源总量最大的水资源分区是清水河分区，其次为引黄灌区分区，最小的水资源分区是黄左分区；清水河分区水资源总量年际变化较为剧烈，最小为黄右分区。

中卫市多年平均水资源总量见表 3.34。

表 3.34   中卫市多年平均水资源总量

分 区		面积/km²	多年平均水资源总量/万 m³	折合径流深/mm	C_v	不同频率水资源总量/万 m³				
						20%	50%	75%	90%	95%
水资源分区	引黄灌区	923	3101.68	33.64	0.28	3830.07	3040.69	2459.01	1978.39	1750.35
	黄左	1453	166.76	1.15	0.27	205.57	161.99	133.60	107.43	95.47
	黄右	3253	960.92	2.95	0.26	1163.77	909.94	779.94	656.36	603.44
	甘塘内陆区	407	450.00	11.06	0.27	573.84	453.99	363.60	312.82	221.41
	清水河	7493	9150.64	12.21	0.36	11355.13	8840.29	6937.83	5406.20	4627.02
行政分区	沙坡头区	5338	3660.00	6.86	0.24	4447.68	3418.59	3037.47	2606.12	2345.52
	中宁县	3190	2370.00	7.43	0.32	2978.52	2210.65	1844.06	1336.89	1113.76
	海原县	5001	7800.00	15.60	0.39	9707.42	7697.75	6003.01	4423.24	3850.01
合 计		13529	13830.00	10.22	0.31	16887.48	13348.91	10738.17	8698.37	7397.63

3.3.4.2 水资源总量不同时期变化

中卫市 1981—2000 年多年平均水资源总量比 1956—1980 年减少了 1531.09 万 m^3，减少百分比为 10.35%，2001—2016 年多年平均水资源总量比 1981—2000 年减少了 217.91 万 m^3，减少百分比为 1.64%，1956—2016 年多年平均水资源总量比 1956—2000 年减少了 280.27 万 m^3，减少百分比为 1.99%。由此可知，中卫市水资源总量呈现减少特征。

从水资源分区看，引黄灌区分区 1981—2000 年多年平均水资源总量比 1956—1980 年减少了 126.03 万 m^3，2001—2016 年多年平均水资源总量比 1981—2000 年增加了 458.74 万 m^3，1956—2016 年多年平均水资源总量比 1956—2000 年增加了 101.96 万 m^3。由此可知，引黄灌区分区水资源总量呈现增加特征。

黄左分区 1981—2000 年多年平均水资源总量比 1956—1980 年减少了 7.04 万 m^3，2001—2016 年多年平均水资源总量比 1981—2000 年增加了 23.45 万 m^3，1956—2016 年多年平均水资源总量比 1956—2000 年增加了 5.11 万 m^3。由此可知，黄左分区水资源总量呈现增加特征。

黄右分区 1981—2000 年多年平均水资源总量比 1956—1980 年减少了 59.66 万 m^3，2001—2016 年多年平均水资源总量比 1981—2000 年增加了 69.29 万 m^3，1956—2016 年多年平均水资源总量比 1956—2000 年减少了 9.48 万 m^3。由此可知，黄右分区水资源总量呈现增加特征。

甘塘内陆区分区 1981—2000 年多年平均水资源总量比 1956—1980 年减少了 31.31 万 m^3，2001—2016 年多年平均水资源总量比 1981—2000 年增加了 66.53 万 m^3，1956—2016 年多年平均水资源总量比 1956—2000 年增加了 12.89 万 m^3。由此可知，甘塘内陆区分区水资源总量呈现增加特征。

中卫市不同年代多年平均水资源总量见表 3.35。

表 3.35　　　　　　　　中卫市不同年代多年平均水资源总量

分　区		面积 /km^2	多年平均水资源总量/万 m^3				
			1956—1980 年	1981—2000 年	2001—2016 年	1956—2000 年	1956—2016 年
水资源分区	引黄灌区	923	3055.74	2929.71	3388.45	2999.72	3101.68
	黄左	1453	164.77	157.73	181.18	161.65	166.76
	黄右	3253	977.95	918.29	987.58	951.44	960.92
	甘塘内陆区	407	451.03	419.71	486.24	437.11	450.00
	清水河	7493	10141.26	8834.22	7998.30	9560.35	9150.64

分　区		面积/km²	多年平均水资源总量/万 m³				
			1956—1980 年	1981—2000 年	2001—2016 年	1956—2000 年	1956—2016 年
行政分区	沙坡头区	5338	3717.06	3495.69	3776.23	3618.67	3660.00
	中宁县	3190	2255.29	2204.81	2755.73	2232.85	2370.00
	海原县	5001	8818.40	7559.16	6509.79	8258.74	7800.00
合　计		13529	14790.75	13259.66	13041.75	14110.27	13830.00

清水河分区 1981—2000 年多年平均水资源总量比 1956—1980 年减少了 1307.04 万 m³，2001—2016 年多年平均水资源总量比 1981—2000 年减少了 835.92 万 m³，1956—2016 年多年平均水资源总量比 1956—2000 年减少了 409.71 万 m³。由此可知，清水河分区水资源总量呈现明显的减少特征。

中卫市各水资源区不同时期多年平均水资源总量如图 3.63 所示。

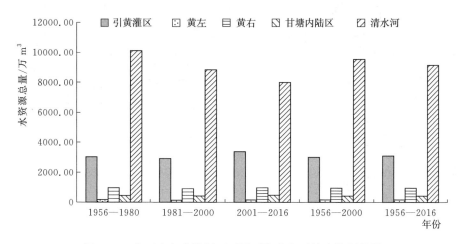

图 3.63　中卫市各水资源区不同时期多年平均水资源总量

从县级行政区看，沙坡头区 1981—2000 年多年平均水资源总量比 1956—1980 年减少了 221.37 万 m³，2001—2016 年多年平均水资源总量比 1981—2000 年增加了 280.54 万 m³，1956—2016 年多年平均水资源总量比 1956—2000 年增加了 41.33 万 m³。由此可知，沙坡头区水资源总量呈现增加特征。

中宁县 1981—2000 年多年平均水资源总量比 1956—1980 年减少了 50.48 万 m³，2001—2016 年多年平均水资源总量比 1981—2000 年增加了 550.92 万 m³，

1956—2016 年多年平均水资源总量比 1956—2000 年增加了 137.15 万 m^3。由此可知，中宁县水资源总量呈现增加特征。

海原县 1981—2000 年多年平均水资源总量比 1956—1980 年减少了 1259.24 万 m^3，2001—2016 年多年平均水资源总量比 1981—2000 年减少了 1049.37 万 m^3，1956—2016 年多年平均水资源总量比 1956—2000 年减少了 458.74 万 m^3。由此可知，海原县水资源总量呈现明显的减少特征。

中卫市各县级行政区不同时期多年平均水资源总量如图 3.64 所示。

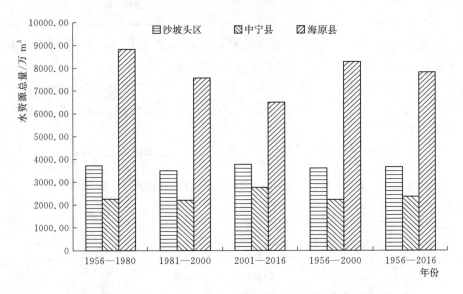

图 3.64　中卫市各县级行政区不同时期多年平均水资源总量

3.3.5　水资源质量评价

3.3.5.1　地表水资源质量

1. 水功能区水资源质量

中卫市划分黄河干流、灌区干渠、清水河、红柳沟等一级区 7 个，区划河长为 615.7km；划分二级区 7 个，区划河长为 548.1km。中卫市水功能区划分见表 3.36。

表 3.36　　　　　　　　　　中卫市水功能区划分

水功能一级区	水功能二级区	范围	
		起始断面	终止断面
黄河甘宁缓冲区		五佛寺	下河沿
黄河宁夏开发利用区	青铜峡饮用农业用水区	下河沿	青铜峡站

水功能一级区	水功能二级区	范　围	
		起始断面	终止断面
七星渠中宁开发利用区	七星渠中宁农业用水区	申滩	中宁白马
跃进渠中宁开发利用区	跃进渠中宁农业用水区	孟家河	广武乡
固海扬水干渠青铜峡开发利用区	固海扬水干渠青铜峡饮用农业用水区	中宁泉眼山	固原七营
清水河固原开发利用区	清水河老三营过渡区	老三营	中河入口
	清水河同心农业用水区	中河入口	同心
	清水河中宁农业用水区	金鸡沟入口	入黄口
红柳沟中宁保留区		罗山	入黄口

2020年，中卫市水系水功能区水质监测覆盖率为100%。对黄河干流、灌区干渠、清水河和红柳沟上各水功能区进行水质达标评价，中卫市境内共划分的7个水功能区，水质全部达标，水功能区水质个数达标率为100%。

2. 河湖（库）沟渠水资源质量

通过分析，中卫市黄河干流水质2019年、2020年均为Ⅱ类，水质评价为优。清水河各断面2020年水质比2019年水质有所改善。湖泊2020年水质比2019年有所恶化，特别是天湖水质面临恶化风险。照壁山水库水质良好，基本处于Ⅱ类。排水沟2020年水质大部分比2019年有所改善，但整体仍未重度污染，主要污染物为氨氮、氟化物和化学需氧量，其中，红柳沟入中宁断面、石空南大沟断面水质面临恶化风险。中卫市2019年、2020年河湖（库）沟渠水资源质量评价结果见表3.37和表3.38。

3.3.5.2 地下水资源质量

地下水水质评价的技术依据、评价内容和评价方法按照全国最新水资源调查评价标准与要求的项目进行。地下水资源质量评价具体监测项目为pH值、总硬度、硫酸盐、氯化物、铁、锰、铜、锌、挥发酚、LAS、耗氧量、氨氮、总大肠菌群、亚硝酸盐（以N计）、硝酸盐（以N计）、氰化物、氟化物、汞、砷、硒、镉、铬（六价）、铅等23项。

通过评价，中卫市2019年地下水整体为Ⅳ类水质，主要超标组分为总硬度、溶解性总固体、硫酸盐、氨氮、钠、氟化物、碘化物、硝酸盐、硒、硼、铬、锰等；中卫市2019年第一承压水整体为Ⅳ类水质，中卫市南部地区2019年第二承压水整体为Ⅳ类水质。这是由于中卫市地下水本底值高（地质原因），导致中卫市地下水水质监测项目均有超标，整体水质不佳。

表 3.37　　　　　　　　　　中卫市 2019 年河湖(库)沟渠水资源质量评价结果

河湖类别	断面名称	水质类别											
		1月	2月	3月	4月	5月	6月	7月	8月	9月	10月	11月	12月
黄河干流	中卫下河沿	Ⅱ类	Ⅱ类	Ⅱ类	Ⅱ类	Ⅱ类	Ⅱ类	Ⅱ类	Ⅱ类	Ⅱ类	Ⅱ类	Ⅱ类	Ⅱ类
	泉眼山	Ⅱ类	Ⅱ类	Ⅱ类	Ⅱ类	Ⅱ类	Ⅲ类	Ⅲ类	Ⅱ类	Ⅲ类	Ⅱ类	Ⅱ类	Ⅲ类
清水河	海原县入境	Ⅲ类	Ⅳ类	Ⅲ类	Ⅳ类	Ⅳ类	Ⅲ类	Ⅲ类	未检测	Ⅳ类	Ⅳ类	Ⅲ类	Ⅲ类
	海原县出境	Ⅲ类	Ⅳ类	Ⅲ类	Ⅲ类	Ⅲ类	Ⅳ类	Ⅲ类	Ⅳ类	Ⅳ类	Ⅳ类	Ⅲ类	Ⅱ类
	卫宁山河桥出境	Ⅱ类	劣Ⅴ类	Ⅳ类	Ⅲ类	劣Ⅴ类	Ⅱ类	Ⅲ类	Ⅲ类	Ⅲ类	Ⅲ类	Ⅲ类	Ⅱ类
	中宁入境	Ⅱ类	Ⅳ类	Ⅱ类	Ⅱ类	Ⅱ类	Ⅱ类	Ⅱ类	Ⅲ类	Ⅲ类	Ⅲ类	Ⅱ类	Ⅱ类
湖泊	腾格里里胡	结冰未检测			Ⅳ类	劣Ⅴ类	Ⅳ类	Ⅳ类	Ⅲ类	Ⅳ类	Ⅳ类	Ⅳ类	结冰未检测
	天湖	结冰未检测			Ⅱ类	Ⅱ类	Ⅱ类	Ⅱ类	Ⅳ类	未检测	未检测	Ⅱ类	Ⅲ类
	香山湖	结冰未检测			Ⅳ类	Ⅳ类	Ⅳ类	Ⅱ类	Ⅳ类	Ⅳ类	Ⅳ类	Ⅳ类	结冰未检测
	小湖	结冰未检测			Ⅲ类	Ⅲ类	Ⅲ类	Ⅲ类	Ⅲ类	未检测	未检测	Ⅲ类	结冰未检测
	千岛湖	结冰未检测			Ⅲ类	Ⅲ类	Ⅲ类	劣Ⅴ类	Ⅳ类	Ⅳ类	Ⅲ类	Ⅲ类	Ⅲ类
	应理湖	未检测			劣Ⅴ类	劣Ⅴ类	Ⅳ类	劣Ⅴ类	Ⅳ类	Ⅳ类	Ⅲ类	Ⅲ类	Ⅲ类
水库	照壁山水库	无数据	无数据	无数据	无数据	无数据	无数据	无数据	无数据	无数据	无数据	无数据	无数据
排水沟	第一排水沟	Ⅲ类	Ⅳ类	Ⅳ类	Ⅲ类	Ⅲ类	Ⅳ类	Ⅱ类	Ⅲ类	Ⅳ类	Ⅲ类	Ⅲ类	Ⅲ类
	第三排水沟	Ⅱ类	Ⅲ类	Ⅲ类	Ⅲ类	Ⅲ类	Ⅲ类	Ⅲ类	Ⅲ类	Ⅲ类	Ⅲ类	Ⅱ类	Ⅲ类
	第四排水沟	Ⅲ类	Ⅳ类	Ⅳ类	Ⅲ类	Ⅲ类	Ⅳ类	Ⅳ类	Ⅲ类	Ⅳ类	Ⅲ类	Ⅲ类	Ⅳ类
	第六排水沟	Ⅲ类	Ⅲ类	Ⅲ类	Ⅲ类	Ⅲ类	Ⅲ类	Ⅲ类	Ⅲ类	Ⅳ类	Ⅲ类	Ⅱ类	Ⅳ类
	第九排水沟	Ⅱ类	Ⅱ类	Ⅱ类	劣Ⅴ类	Ⅱ类	Ⅱ类	Ⅱ类	Ⅱ类	Ⅱ类	Ⅱ类	Ⅱ类	Ⅱ类
	红柳沟入黄口	Ⅲ类	Ⅲ类	Ⅲ类	Ⅱ类	Ⅲ类	Ⅲ类	Ⅲ类	Ⅲ类	Ⅱ类	Ⅲ类	Ⅱ类	Ⅲ类
	红柳沟入中宁	Ⅲ类	Ⅲ类	Ⅲ类	Ⅴ类	Ⅳ类	Ⅳ类	Ⅳ类	Ⅳ类	Ⅳ类	Ⅳ类	Ⅲ类	Ⅳ类
	黑山嘴水沟	无水未检测	无水未检测	Ⅱ类	未评价	Ⅱ类	Ⅱ类	Ⅲ类	Ⅲ类	Ⅲ类	Ⅲ类	Ⅱ类	Ⅲ类
	石空南大沟	无径流	无径流	Ⅲ类	未评价	Ⅳ类	Ⅳ类	Ⅳ类	Ⅲ类	Ⅳ类	Ⅳ类	Ⅲ类	Ⅲ类
	新寺沟	无径流	Ⅲ类	Ⅱ类	劣Ⅴ类	Ⅲ类	Ⅲ类	Ⅲ类	Ⅲ类	Ⅳ类	Ⅲ类	Ⅱ类	Ⅱ类
	中宁南河子沟	Ⅲ类	Ⅲ类	Ⅲ类	Ⅲ类	Ⅲ类	Ⅲ类	Ⅳ类	Ⅲ类	Ⅳ类	Ⅳ类	Ⅲ类	Ⅲ类
	中宁北河子沟	Ⅳ类	Ⅳ类	Ⅲ类	Ⅳ类	Ⅲ类	Ⅲ类	Ⅲ类	Ⅱ类	Ⅱ类	Ⅳ类	Ⅲ类	Ⅳ类
	中央大道水系	未检测	Ⅴ类	Ⅲ类	Ⅱ类	Ⅲ类	Ⅲ类	Ⅲ类	Ⅱ类	Ⅱ类	Ⅲ类	Ⅲ类	Ⅳ类

表3.38 中卫市2020年河湖(库)沟渠水资源质量评价结果

河湖类别	断面名称	1月	2月	3月	4月	5月	6月	7月	8月	9月	10月	11月	12月
黄河干流	中卫下河沿	Ⅱ类	Ⅱ类	Ⅱ类	Ⅱ类	Ⅱ类	Ⅱ类	Ⅱ类	Ⅱ类	Ⅱ类	Ⅱ类	Ⅱ类	Ⅱ类
清水河	泉眼山	Ⅲ类	Ⅲ类	Ⅲ类	Ⅲ类	Ⅲ类	Ⅲ类	Ⅲ类	Ⅲ类	Ⅲ类	Ⅲ类	Ⅱ类	Ⅱ类
	海原县入境	Ⅱ类	Ⅱ类	Ⅳ类	Ⅳ类	Ⅲ类	Ⅲ类	Ⅳ类	Ⅲ类	Ⅲ类	Ⅲ类	Ⅲ类	Ⅲ类
	海原县出境	Ⅱ类	Ⅲ类	Ⅲ类	Ⅲ类	Ⅲ类	Ⅳ类	Ⅳ类	Ⅲ类	Ⅲ类	Ⅲ类	Ⅲ类	Ⅲ类
	卫宁山河桥出境	Ⅱ类	Ⅲ类	Ⅲ类	Ⅲ类	Ⅲ类	Ⅲ类	Ⅲ类	Ⅳ类	Ⅲ类	Ⅲ类	Ⅱ类	Ⅱ类
	中宁入境	Ⅱ类	Ⅱ类	Ⅱ类	Ⅱ类	Ⅱ类	Ⅱ类	Ⅱ类	Ⅱ类	Ⅱ类	Ⅱ类	Ⅱ类	Ⅱ类
湖泊	腾格里河胡	结冰未检测	Ⅲ类	Ⅲ类	Ⅳ类	Ⅳ类	Ⅳ类	Ⅳ类	Ⅳ类	Ⅲ类	劣Ⅴ类	Ⅳ类	结冰未检测
	天湖	结冰未检测	Ⅳ类	Ⅲ类	Ⅳ类	Ⅳ类	Ⅴ类	Ⅴ类	Ⅴ类	劣Ⅴ类	劣Ⅴ类	Ⅳ类	Ⅳ类
	香山湖	结冰未检测	Ⅲ类	Ⅱ类	Ⅲ类	Ⅲ类	Ⅲ类	Ⅱ类	生态治理	Ⅴ类	Ⅲ类	Ⅲ类	结冰未检测
	小湖	结冰未检测	Ⅳ类	Ⅱ类	Ⅳ类	Ⅳ类	Ⅳ类	生态治理	生态治理	Ⅳ类	Ⅳ类	Ⅳ类	结冰未检测
	千岛湖	未检测	Ⅱ类	Ⅰ类	Ⅲ类	Ⅱ类	Ⅱ类	生态治理	生态治理	Ⅲ类	Ⅲ类	Ⅲ类	结冰未检测
	应理湖	结冰未检测	Ⅲ类	Ⅲ类	Ⅲ类	Ⅱ类	Ⅲ类	Ⅲ类	Ⅱ类	Ⅲ类	Ⅲ类	Ⅱ类	Ⅱ类
水库	照壁山水库	Ⅲ类	Ⅳ类	Ⅳ类	Ⅲ类	Ⅲ类	Ⅲ类	Ⅲ类	Ⅲ类	Ⅱ类	Ⅲ类	Ⅱ类	Ⅲ类
排水沟	第一排水沟	Ⅲ类	Ⅳ类	Ⅳ类	Ⅲ类	Ⅲ类	Ⅲ类	Ⅲ类	Ⅲ类	Ⅲ类	Ⅲ类	Ⅱ类	Ⅲ类
	第三排水沟	Ⅲ类	Ⅲ类	Ⅲ类	Ⅲ类	Ⅲ类	Ⅲ类	Ⅲ类	Ⅱ类	Ⅱ类	Ⅱ类	Ⅱ类	Ⅱ类
	第四排水沟	Ⅲ类	Ⅲ类	Ⅲ类	Ⅲ类	Ⅲ类	Ⅲ类	Ⅲ类	Ⅱ类	Ⅱ类	Ⅲ类	Ⅱ类	Ⅱ类
	第六排水沟	Ⅲ类	Ⅳ类	Ⅳ类	Ⅲ类	Ⅴ类	Ⅲ类	Ⅳ类	Ⅱ类	Ⅲ类	Ⅲ类	Ⅱ类	Ⅳ类
	第九排水沟	Ⅱ类	Ⅱ类	Ⅱ类	Ⅱ类	Ⅱ类	Ⅱ类	Ⅱ类	Ⅱ类	Ⅱ类	Ⅳ类	Ⅱ类	Ⅱ类
	红柳沟入黄口	Ⅲ类	Ⅱ类	Ⅲ类	Ⅲ类	Ⅲ类	Ⅱ类	Ⅲ类	Ⅲ类	Ⅲ类	Ⅲ类	Ⅱ类	Ⅲ类
	红柳沟入中宁	Ⅲ类	Ⅳ类	Ⅳ类	Ⅲ类	Ⅳ类	Ⅲ类	Ⅳ类	Ⅲ类	Ⅲ类	Ⅲ类	劣Ⅴ类	Ⅳ类
	黑山嘴水沟	Ⅱ类	Ⅱ类	Ⅱ类	Ⅱ类	Ⅱ类	Ⅱ类	Ⅱ类	Ⅱ类	Ⅱ类	Ⅳ类	Ⅱ类	Ⅱ类
	石空南大沟	Ⅲ类	Ⅲ类	Ⅲ类	Ⅲ类	Ⅲ类	Ⅲ类	Ⅲ类	Ⅲ类	Ⅲ类	Ⅱ类	Ⅱ类	Ⅱ类
	新寺沟	Ⅲ类	未检测	Ⅱ类	Ⅱ类	Ⅱ类	Ⅱ类	Ⅲ类	Ⅱ类	Ⅱ类	Ⅲ类	Ⅲ类	Ⅱ类
	中宁南河子沟	Ⅱ类	Ⅱ类	Ⅱ类	Ⅱ类	Ⅱ类	Ⅱ类	Ⅱ类	Ⅱ类	Ⅱ类	Ⅱ类	Ⅱ类	Ⅱ类
	中宁北河子沟	Ⅱ类	Ⅱ类	Ⅱ类	Ⅱ类	Ⅱ类	Ⅲ类	Ⅲ类	Ⅲ类	Ⅲ类	Ⅲ类	Ⅲ类	Ⅱ类
	中央大道水系	未检测	Ⅱ类	Ⅱ类	Ⅱ类	Ⅱ类	Ⅲ类	Ⅲ类	Ⅳ类	Ⅲ类	Ⅲ类	Ⅲ类	未检测

第 4 章

水资源利用与问题诊断

4.1 四川阿坝州黄河流域（湿润区）水资源利用与问题诊断

4.1.1 供水工程分析

阿坝州黄河流域供水工程分为地表水供水工程和地下水供水工程，没有非常规水源工程。

4.1.1.1 地表水供水工程

截至 2018 年，阿坝州黄河流域建成 2 处蓄水工程（包含 1 座水电站阿木柯，库容 641 万 m³）、61 处引水工程、5 处泵站工程，无调水工程。蓄水工程中小（1）型水库 1 座、小（2）型水库 1 座；5 处泵站工程均为小（2）型，设计供水能力 42 万 m³。

阿坝州黄河流域供水工程情况见表 4.1。

4.1.1.2 地下水供水工程

截至 2018 年，阿坝州黄河流域共有机电井 187 眼，其中规模以上机电井 37 眼、规模以下机电井 150 眼，开采的全部为浅层地下水，供水能力约 500 万 m³。

表 4.1　　　　阿坝州黄河流域供水工程情况

地 表 水 工 程								地 下 水 工 程			
蓄水工程		引水工程		提水工程		调水工程		浅层地下水机电井		深层承压水机电井	
工程数量/座	供水能力/万 m³	工程数量/座	供水能力/万 m³	工程数量/处	供水能力/万 m³	工程数量/座	供水能力/万 m³	工程数量/眼	供水能力/万 m³	工程数量/眼	供水能力/万 m³
2	0	61	2794.2	5	646.0	0	0	187	500	0	0

4.1.2　供水量分析

4.1.2.1　供水量及其分布特征

分析发现，2018 年阿坝州黄河流域各类水源工程供水量为 2984.4 万 m³，其中地表水供水 2622.4 万 m³，占总供水量的 87.9%，地表水供水为引水工程供水；地下水供水 362.0 万 m³，占总供水量的 12.1%。2018 年阿坝州黄河流域分区不同水源供水量见表 4.2。

表 4.2　　　　　　　阿坝州黄河流域分区不同水源供水量分析成果　　　　　单位：万 m³

水资源分区		行政区划		地表水源供水量					地下水源供水量	其他水源供水量	总供水量
分区	编码	县（区）	编码	蓄水	引水	提水	调水	小计			
黄河干流及诸小支流	Q1	阿坝县	Q1-01	0	187.4	0	0	187.4	22.7	0	210.1
		若尔盖县	Q1-02	0	189.8	0	0	189.8	15.5	0	205.3
		小　计		0	377.2	0	0	377.2	38.2	0	415.4
贾曲	Q2	阿坝县	Q2-01	0	383.1	0	0	383.1	46.3	0	429.4
白河	Q3	红原县	Q3-01	0	725.2	0	0	725.2	119.3	0	844.5
		阿坝县	Q3-02	0	45.3	0	0	45.3	8.6	0	53.9
		若尔盖县	Q3-03	0	103.3	0	0	103.3	5.2	0	108.5
		小　计		0	873.8	0	0	873.8	133.1	0	1006.9
黑河	Q4	红原县	Q4-01	0	289.0	0	0	289.0	43.5	0	332.5
		松潘县	Q4-02	—	—	—	—	—	—	—	—
		若尔盖县	Q4-03	0	699.3	0	0	699.3	100.9	0	800.2
		小　计		0	988.3	0	0	988.3	144.5	0	1132.7
县级行政分区		阿坝县		0	615.8	0	0	615.8	77.6	0	693.4
		红原县		0	1014.2	0	0	1014.2	162.8	0	1177.0
		松潘县		—	—	—	—	—	—	—	—
		若尔盖县		0	992.4	0	0	992.4	121.6	0	1114.0
合　计				0	2622.4	0	0	2622.4	362.0	0	2984.4

4.1.2.2　供水量变化分析

通过分析，2015—2018 年，阿坝州黄河流域供水量为 2522 万~2984 万 m³，近 4 年平均供水量为 2768 万 m³，总供水量总体变幅不大，呈略微增长趋势，从 2015 年的 2522 万 m³ 增加到 2018 年的 2984 万 m³。地表水供水量变幅不大，呈略微增长趋势，从 2015 年的 2365 万 m³ 增加到 2018 年的 2622 万 m³。地下水供水量明显增加，从 2015 年的 157 万 m³ 增加到 2018 年的 362 万 m³。暂无其他水源供水。

　　供水结构方面，地表水供水量占比有所下降，从2015年占比93.8%下降到2018年87.9%；地下水供水量占比上升明显，从2015年占比6.2%增长到2018年占比12.1%。

　　阿坝州黄河流域近4年供水量统计及变化情况见表4.3与图4.1。

表4.3　　　　　　　阿坝州黄河流域近4年供水量变化分析成果

年　份	地表水/万m³	地下水/万m³	其他水源/万m³	总供水量/万m³
2015	2365	157	0	2522
2016	2619	281	0	2900
2017	2498	167	0	2665
2018	2622	362	0	2984
平　均	2526	242	0	2768

图4.1　阿坝州黄河流域近4年供水量统计

4.1.3　用水量分析

4.1.3.1　用水量及其分布特征

　　通过分析，2018年阿坝州黄河流域各部门总用水量为2984.5万m³，其中生活用水463.0万m³，占总用水量的15.5%；生产用水2511.6万m³，占总用水量的84.2%；生态用水9.9万m³，占总用水量的0.3%。阿坝州黄河流域不同行业用水量统计见表4.4。

　　生产用水中，农业用水2173.0万m³（包括农田灌溉、林牧渔、牲畜），占生产用水量的86.5%，占总用水量的72.8%，为第一用水大户；农业用水中，牲畜用水量最大，为1449.6万m³，占农业用水量的66.7%，占生产用水量的57.7%；工业用水198.0万m³，占生产用水量的7.9%；建筑业和第三产业用水140.6万m³，占生产用水量的5.6%。

表 4.4 阿坝州黄河流域不同行业用水量统计

单位：万 m³

水资源分区		行政区划		生活用水			工业用水	建筑业和第三产业用水			农林牧渔用水			牲畜用水			城镇生态用水	总用水量
分区	编码	县（区）	编码	城镇居民	农村居民	小计		建筑业	第三产业	小计	农田灌溉	草场灌溉	小计	大牲畜	小牲畜	小计		
黄河干流及诸小支流	Q1	阿坝县	Q1-01	12.2	26.2	38.4	3.3	0.7	1.5	2.2	75.9	3.4	79.3	83.6	3.1	86.7	0.3	210.2
		若尔盖县	Q1-02	1.9	15.8	17.7	14.7	0.9	10.8	11.7	46.8	31.0	77.9	50.0	33.3	83.4	0.1	205.5
		合 计		14.1	42.0	56.1	18.0	1.6	12.3	13.9	122.7	34.4	157.2	133.6	36.4	170.1	0.4	415.7
贾曲	Q2	阿坝县	Q2-01	24.8	53.6	78.5	6.7	1.5	3.0	4.5	143.7	7.0	150.7	181.1	7.4	188.5	0.6	429.5
白河	Q3	红原县	Q3-01	71.6	44.9	116.5	133.0	3.8	27.7	31.5	10.5	166.2	176.7	373.1	7.7	380.8	5.7	844.2
		阿坝县	Q3-02	0	8.1	8.1	0	0	0	0	1.3	1.1	2.4	37.1	6.3	43.4	0	53.9
		若尔盖县	Q3-03	5.6	2.8	8.4	0	0.4	27.0	27.4	37.5	4.4	41.9	27.7	3.0	30.7	0.2	108.6
		合 计		77.2	55.8	133.0	133.0	4.2	54.7	58.9	49.3	171.7	221.0	437.9	17.0	454.9	5.9	1006.7
黑河	Q4	红原县	Q4-01	5.4	39.1	44.5	0	2.2	10.3	12.5	2.3	77.0	79.3	195.5	0.8	196.2	0.3	332.8
		松潘县	Q4-02	77.0	45.0	122.0	133.0	6.0	38.0	44.0	8.9	185.6	194.5	518.1	118.2	636.1	3.0	1132.6
		若尔盖县	Q4-03	53.5	97.4	150.9	40.3	7.6	43.2	50.8	6.7	108.6	115.2	322.6	117.4	439.9	2.7	799.8
		合 计		58.9	136.5	195.4	40.3	9.8	53.5	63.3	9.0	185.6	194.5	518.1	118.2	636.1	3.0	1132.6
县级行政分区		阿坝县		37.0	87.9	125.0	10.0	2.2	4.5	6.7	220.9	11.5	232.4	301.8	16.8	318.6	0.9	693.6
		红原县		77.0	84.0	161.0	133.0	6.0	38.0	44.0	12.8	243.2	256.0	568.6	8.5	577.0	6.0	1177.0
		松潘县		77.0	45.0	122.0	133.0	6.0	38.0	44.0	8.9	185.6	194.5	518.1	118.2	636.1	3.0	1132.6
		若尔盖县		61.0	116.0	177.0	55.0	8.9	81.0	89.9	91.0	144.0	235.0	400.3	153.7	554.0	3.0	1113.9
		合 计		175.0	287.9	463.0	198.0	17.1	123.5	140.6	324.7	398.7	723.4	1270.7	179.0	1449.6	9.9	2984.5

4.1.3.2 用水量变化分析

分析发现，2015—2018年，阿坝州黄河流域总用水量年均2768万m³。从2015年的2522万m³增加到2018年的2984万m³，增加了462万m³。

近4年流域用水结构变化不大。农业为第一用水大户，用水量显著增加，从2015年的1604万m³增加到2018年的2172万m³，增加了35.4%，用水占比从2015年的63.6%增加到2018年的72.8%，增加了9.2%。工业用水呈下降趋势，从2015用水量的235万m³下降到2018年的198万m³，下降了15.7%，用水量占比从2015年的9.3%下降到2018年的6.6%。生活用水量变化不大，用水占比有所下降，从2015年的26.6%下降到2018年的20.2%。生态用水量较稳定，平均供水量为12万m³，占总供水量的0.4%左右。阿坝州黄河流域近4年用水量统计及变化特征见表4.5与图4.2。

表4.5　　　　　　　阿坝州黄河流域近4年用水量统计　　　　单位：万m³

年　份	农业用水量	工业用水量	生活用水量	生态环境用水量	总用水量
2015	1604	235	672	11	2522
2016	1583	307	997	13	2900
2017	1486	280	887	13	2666
2018	2172	198	604	10	2984
平　均	1711	255	790	12	2768

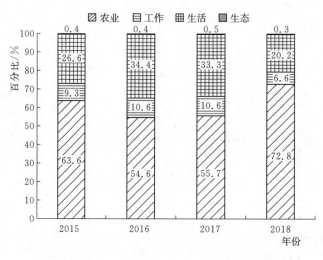

图4.2　阿坝州黄河流域近4年用水量变化特征

4.1.4 耗水量分析

通过分析，阿坝州黄河流域 2018 年总耗水量为 2339 万 m^3，其中地表水耗水量为 2041 万 m^3，占总耗水量的 87.2%；地下水耗水量为 298 万 m^3，占 12.8%。分行业耗水量中，农业耗水量最多为 1564 万 m^3，占总耗水量的 66.9%；工业耗水量为 198 万 m^3，占 8.5%；生活耗水量为 568 万 m^3，占 24.3%；生态环境耗水量为 9 万 m^3，占 0.4%。阿坝州黄河流域耗水量见表 4.6。

表 4.6		阿坝州黄河流域耗水量		单位：万 m^3	
项　目	农业耗水量	工业耗水量	生活耗水量	生态环境耗水量	合　计
地表水	1416	144	473	8	2041
地下水	148	54	95	1	298
总耗水量	1564	198	568	9	2339

2015—2018 年阿坝州黄河流域平均总耗水量 2113 万 m^3。分行业耗水量中，农业耗水量最多为 1128 万 m^3，占总耗水量的 53.4%；工业耗水量为 255 万 m^3，占 12.1%；生活耗水量 726 万 m^3，占 34.3%；生态环境耗水量 5 万 m^3，占 0.2%。阿坝州黄河流域近 4 年耗水量详见表 4.7。

表 4.7		阿坝州黄河流域近 4 年耗水量变化特征		单位：万 m^3	
年　份	农业耗水量	工业耗水量	生活耗水量	生态环境耗水量	总耗水量
2015	1102	235	625	1	1963
2016	960	307	937	8	2212
2017	884	280	772	1	1937
2018	1564	198	568	9	2339
平　均	1128	255	726	5	2113

4.1.5 水资源利用情势解析

阿坝州黄河流域多年平均水资源总量为 41.4 亿 m^3（1956—2016 年系列），其中地表水资源量为 41.4 亿 m^3，地下水资源量为 10.5 亿 m^3，与地表水不重复的地下水资源量为 0。2018 年地表水供水量 2622.4 万 m^3，地下水供水量 362.0 万 m^3。多年平均来水情况下，地表水开发利用率 0.06%。

2018 年，阿坝州黄河流域居民生活用水量为 463.0 万 m³，生产用水量为 2511.6 万 m³，生态用水量为 9.9 万 m³，"三生"用水比例是 15.5∶84.2∶0.3，生产用水占总用水量的绝大部分。生产用水中第一、第二、第三产业的比例是 86.5∶7.9∶5.6。2018 年各行业用水定额基本符合四川省行业用水定额标准，用水效率基本符合阿坝州人民政府下达的考核控制指标范围内，阿坝州黄河流域 2018 年用水水平对比指标分析见表 4.8。

表 4.8　　　　　　阿坝州黄河流域 2018 年用水水平对比指标分析

区　域	人均 用水量 /m³	万元 GDP 用水量 /m³	农田灌溉 亩均用 水量/m³	万元工业 增加值用 水量/m³	城镇居民 生活用水指标 /[L/(人·d)]	农牧区居民 生活用水指标 /[L/(人·d)]
阿坝州黄河流域	238	143	218	56	127	90
阿坝州	234	71	188	18	71	34
四川省	311	64	367	41	163	111
黄河流域	336	56	314	22	107	68

（1）综合用水水平。2018 年，阿坝州黄河流域总用水量 2984.5 万 m³，人均用水量 238m³，低于四川省人均用水量（311m³）；万元生产总值用水量 143m³，为四川平均水平（63.7m³）的 2.24 倍，阿坝州黄河流域现状不同行业用水定额分析成果见表 4.9。

（2）农业用水水平。2018 年，阿坝州黄河流域农田有效灌溉面积 1.43 万亩，实际灌溉面积 1.43 万亩。农田灌溉用水量 324.7 万 m³，实际亩均灌溉用水量 218m³，满足四川省行业用水定额标准中该地区的灌溉水定额标准，为四川亩均农田灌溉用水量（367m³）的 59.4%。阿坝州黄河流域农田灌溉水有效利用系数 0.45，低于四川省农田灌溉有效水利用系数（0.47）和全国农田灌溉有效水利用系数（0.554）。

（3）工业用水水平。2018 年，阿坝州黄河流域工业增加值为 3.53 亿元，总用水量 198 万 m³，万元工业增加值用水量 56m³，为四川万元工业增加值用水量（41m³）的 1.37 倍。

（4）生活用水水平。阿坝州黄河流域 2018 年城镇居民生活用水定额为 127L/(人·d)，低于四川省城镇居民生活用水定额标准 [160L/(人·d)]。农村居民生活用水定额为 90L/(人·d)，低于四川省农村居民生活用水定额标准 [100L/(人·d)]。

表 4.9 阿坝州黄河流域现状不同行业用水定额分析成果

| 水资源分区 | 行政区划 | 居民生活用水 /[L/(人·d)] | | | 工业用水 /(m³/万元) | 建筑业和第三产业用水 /(m³/万元) | | 农林牧渔用水 /(m³/亩) | | 牲畜用水 /[L/(头·d)] | |
分区	县(区)	城镇居民	农村居民	小计		建筑业	第三产业	农田灌溉	草场灌溉	大牲畜	小牲畜
黄河干流及诸小支流	阿坝县	160	98	112	44	7.2	10.2	228	185	43.6	10.9
	若尔盖县	105	87	89	44	7.0	13.6	222	150	40.7	9.6
	小　计	149	94	104	44	7.1	13.1	226	152	42.4	9.7
贾曲	阿坝县	159	98	111	44	7.2	10.2	211	188	39.2	11.6
白河	红原县	140	85	112	65	7.1	8.7	213	164	38.8	7.9
	阿坝县	—	99	99	—	7.0	—	207	174	39.9	11.1
	若尔盖县	101	76	91	65	7.0	13.5	223	127	40.6	8.9
	小　计	136	86	110	65	7.1	10.5	220	163	39.0	9.1
黑河	红原县	154	85	90	—	6.5	9.1	213	125	38.6	7.9
	松潘县	—	—	—	—	—	—	—	—	—	—
	若尔盖县	102	89	93	44	7.0	13.6	214	150	40.5	9.6
	小　计	105	88	92	44	6.9	12.4	214	138	39.8	9.6
县级行政分区	阿坝县	159	98	111	44	7.2	10.2	216	186	40.4	11.3
	红原县	141	85	105	65	6.9	8.8	213	149	38.7	7.9
	松潘县	—	—	—	—	—	—	—	—	—	—
	若尔盖县	102	88	92	44	7.0	13.5	222	149	40.5	9.6
合　计		127	90	101	56	7.0	11.5	218	150	39.7	9.7

4.2　宁夏中卫市（干旱区）水资源利用与问题诊断

4.2.1　供水工程分析

4.2.1.1　地表水供水工程

1. 引黄工程

中卫市引黄灌溉工程分为沙坡头区、中宁县两部分。其中沙坡头区引黄灌溉工程主要是对境内的沙坡头北干渠、沙坡头南干渠实施引黄灌溉，经过多次改造、扩建、延伸及配套，目前形成以美一、美二、美三支干渠为主线的灌溉网络，共涉及干渠支干渠 8 条，长度为 196.1km；中宁县引黄灌区分为河南、河北两个灌区，河南灌区有七星渠、北滩渠、长鸣干渠三个灌区，河北跃进灌区为一个独立灌区，共涉及干渠支干渠 5 条，长度为 130.6km。中卫市引黄灌区工程已形成渠沟配套、水利设施基本完善的灌排体系，为全市社会经济的稳步健康发展提供了良好的水利保障。中卫市主要引黄工程情况统计见表 4.10。

表 4.10　　　　　　　　　中卫市主要引黄工程情况统计

序号	工程名称	所在县（区）	建成年份	引水流量 /(m³/s)	线路长度 /km
1	跃进渠	沙坡头区、中宁县	1958 年	30	55.6
2	七星渠	沙坡头区、中宁县	公元前 140 年	78	92.3
3	北干渠	沙坡头区	元代	54	45.8
4	南干渠	沙坡头区	明代	12	34.1

2. 扬黄工程

中卫市境内的扬黄工程主要有固海扬水工程、固海扬水扩灌工程、南山台子扬水工程和红寺堡扬水工程等。固海扬水（包括同心扬水工程）现有干渠长度为 287km，总扬程为 382.5m，设计灌溉面积为 50 万亩；固海扩灌工程渠道总长为 177.38km，总扬程为 479.7m，计灌溉面积为 55 万亩，其中中卫市受益灌溉面积为 10.88 万亩，主要分布在海原县；南山台子扬水工程总扬程为135m，灌溉面积为 23.9 万亩；红寺堡扬水工程现有干渠为 183km，总扬程为305.8m，设计灌溉面积为 55 万亩。主要扬黄工程情况统计见表 4.11。

3. 蓄水工程

截至 2019 年年底，中卫市共建成水库 58 座，其中中型水库 9 座，小型水库49 座。中型以上水库总库容为 100833 万 m³，兴利库容为 2218 万 m³。中卫市中型以上水库主要特征指标情况见表 4.12。

表 4.11 中卫市主要扬黄工程情况统计

序号	工程名称	所在县（区）	建成年份	提水流量/(m³/s)	装机功率/kW
1	固海扬水工程	中宁县、海原县	1982	20	85368
2	固海扩灌扬水工程	中宁县、海原县	1988	12.7	96485
3	南山台子扬水工程	沙坡头区	1976	6.65	18100
4	红寺堡扬水工程	中宁县	1998	28	145900

表 4.12 中卫市中型以上水库主要特征指标情况

序号	所在行政区	水库名称	建设年份	水库类型	总库容/万 m³	兴利库容/万 m³
1	沙坡头区	沙坡头水库	2005	中型	2600	1065
2		沙沟水库	2003	中型	2300	—
3	海原县	石峡口水库	1959	中型	24944	
4		张湾水库	1974	中型	3740	
5		碱泉口水库	1973	中型	2288	127
6		苋麻河水库	1958	中型	60458	
7		南坪水库	2009	中型	980	841
8		撒台水库	2008	中型	1969	95
9		中坪水库	2010	中型	1554	90

4.2.1.2 地下水供水工程

截至 2019 年年底，中卫市共有机电井 49189 眼，其中规模以上机电井 1162 眼，规模以下机电井 48027 眼。中卫市地下水供水工程情况见表 4.13。

表 4.13 中卫市地下水供水工程情况 单位：眼

行政区划	规模以上机电井			规模以下机电井			合计
	浅层地下水	深层承压水	小计	浅层地下水	深层承压水	小计	
沙坡头区		303	303	5066		5066	5369
中宁县	82		82	42961		42961	43043
海原县		777	777				777
合 计	82	1080	1162	48027	0	48027	49189

4.2.1.3 非常规水源供水工程

非常规水源主要包括再生水、矿井水、雨水等。据调查，目前中卫市仅有再生水利用工程，无矿井水、雨水利用工程。目前，中卫市有污水处理厂 10

座，日处理能力为 16.7 万 t，其中沙坡头区建成 4 座，日处理能力为 7.7 万 t；中宁县建成 4 座，日处理能力为 6.5 万 t；海原县建成 2 座，日处理能力为 2.5 万 t。现有再生水厂 4 座，日处理能力为 7 万 t，经深度处理后的再生水多用于工业、城市绿化，目前全市再生水回用率较低。中卫市污水处理厂情况可见表 4.14。

表 4.14　　　　　　　　　　　　中卫市污水处理厂情况

序号	污水处理厂名称	所在县（区）	日处理能力/万 t
1	中卫市第一污水处理厂	沙坡头区	4
2	中卫市第二污水处理厂	沙坡头区	3
3	中卫市第四污水处理厂	沙坡头区	0.2
4	高铁配套污水处理及回用工程	沙坡头区	0.5
5	中宁县污水处理厂	中宁县	2
6	中宁县第二污水处理厂	中宁县	1
7	中宁县第三污水处理厂	中宁县	2
8	中宁县新材料循环经济示范区污水处理厂	中宁县	1.5
9	海原县污水处理厂	海原县	2
10	海兴开发区污水处理厂	海原县	0.5
合　计			16.7

4.2.2　供水量分析

4.2.2.1　供水量及其分布特征

调查可知，2019 年中卫市各类供水工程总供水量 140360 万 m³，其中黄河水 131540 万 m³，占总供水量的 93.7%；地下水供水量 8160 万 m³，占总供水量的 5.8%；当地地表水供水量 240 万 m³，仅占 0.2%；非常规水利用量 420 万 m³，占 0.3%。中卫市 2019 年各分区不同水源供水量见表 4.15。

表 4.15　　　　　　中卫市 2019 年各分区不同水源供水量　　　　　　单位：万 m³

分区		地表水源供水量			地下水供水量	非常规水利用	总供水量	
		当地地表水	黄河水	小计			合计	其中向农垦供水
水资源分区	引黄灌区	0	50735	50735	4075	420	55230	0
	黄左	0	14507	14507	361	0	14868	0
	黄右	30	20768	20798	651	0	21448	0
	甘塘内陆区	0	0	0	0	0	0	0
	清水河	210	45530	45740	3074	0	48814	10990

分 区		地表水源供水量			地下水供水量	非常规水利用	总供水量	
		当地地表水	黄河水	小计			合计	其中向农垦供水
行政分区	沙坡头区	30	58070	58100	2880	270	61250	590
	中宁县	0	63770	63770	2850	150	66770	10400
	海原县	210	9700	9910	2430	0	12340	0
合 计		240	131540	131780	8160	420	140360	10990

注 各行政区数据主要来自《2019年宁夏水资源公报》及其附件，其中向农垦供水量根据初始水权折算。

中卫市位于沿黄经济带，是黄河中上游第一个自流灌溉市，供水条件便利，各县区水源主要以黄河水为主，其中沙坡头区和中宁县黄河水分别占各区县总供水量的94.8%、95.5%，地下水供水量分别仅占各区县总供水量的4.7%、4.3%；海原县位于南部山区，黄河水供水量占全县供水量的78.6%，地下水供水量占19.7%，当地地表水供水量占1.7%。

4.2.2.2 供水量变化分析

通过分析历年中卫市供水量发现，2014—2019年中卫市平均供水量12.03亿 m^3，其中2014—2018年中卫市供水量总体变幅不大，呈略微减小趋势，2019年黄河流域上游降水较丰，沿黄地区黄河调度形势较好，黄河水供水量较2018年有所增加，总供水量（不含向农垦供水量）增加到12.94亿 m^3。

从供水结构分析，地表水供水量呈略微降低趋势，地表水所占比重由94.4%降为92.4%，主要是由于引黄灌区持续开展节水灌溉，实施渠道衬砌、喷滴灌等节水措施，灌区引水下降，但同时扬黄灌区随着工程发挥效益，提水规模逐步增大；地下水供水量呈逐年增长趋势，所占比重由5.6%增加到7.3%；随着沙坡头区和中宁县污水处理能力提升，非常规水源利用略有增加。中卫市2014—2019年供水量变化特征见表4.16。

表 4.16　　　　中卫市 2014—2019 年供水量变化特征　　　　单位：亿 m^3

年份	地表水源供水量			地下水供水量	非常规水利用量	总供水量
	当地地表水	黄河水	小计			
2014	0.07	11.41	11.48	0.69	0.00	12.17
2015	0.09	11.05	11.14	0.64	0.00	11.78
2016	0.07	11.11	11.18	0.68	0.04	11.91
2017	0.04	10.93	10.97	0.71	0.03	11.71
2018	0.02	10.74	10.77	0.85	0.03	11.65
2019	0.02	12.06	12.08	0.82	0.04	12.94
平均	0.05	11.22	11.27	0.73	0.02	12.03

注 数据来自历年宁夏水资源公报，其中2014—2018年为公报中考核分区供水量，2019年为公报中行政分区供水量扣除向农垦供水量。

4.2.3　用水量分析

4.2.3.1　用水量及用水结构分析

分析可知，2019 年中卫市总取用水量为 140360 万 m^3，其中农业取用水量（包括农林牧灌溉用水、冬灌生态补水）为 127151 万 m^3，占总用水量的 90.6%；工业用水量为 5069 万 m^3，占总用水量的 3.6%；城镇综合生活（包括城镇居民、建筑三产、城镇环境）用水量为 2170 万 m^3，占总用水量的 1.5%；农村人畜（包括农村居民和牲畜）用水量为 1270 万 m^3，占总用水量的 0.9%；生态环境用水量为 4700 万 m^3，占总用水量的 3.3%。中卫市用水量统计情况见表 4.17。

表 4.17　　　　　　　　中卫市 2019 年各分区用水量统计成果　　　　　　单位：万 m^3

分区		城镇生活	农村人畜	工业	农业		生态环境	总用水量	
					小计	其中冬灌补水		合计	其中农垦用水量
水资源分区	引黄灌区	1618	236	4170	45877	4824	3329	55230	0
	黄左	36	84	116	13261	1394	1371	14868	0
	黄右	139	240	306	20763	2183	0	21448	0
	甘塘内陆区	0	0	0	0	0	0	0	0
	清水河	376	710	477	47250	4910	0	48814	10900
行政分区	沙坡头区	1160	410	2550	52560	5526	4570	61250	590
	中宁县	720	400	2320	63200	6645	130	66770	10400
	海原县	290	460	199	11391	1140	0	12340	0
合　计		2170	1270	5069	127151	13311	4700	140360	10990

注　各行政区数据主要来自《2019 年宁夏水资源公报》及其附件，其中农垦用水量根据初始水权折算。

中卫市各用水户中，城镇生活和农村人畜用水以地下水为主，其中城镇生活用水中地下水源占 80.6%；农村人畜用水中 93.7% 由地下水供给；工业用水中地下水源供水占 45.0%，地表水和再生水供水占 55.0%；农业灌溉用水中97.7% 由黄河水供给；湖泊生态补水全部由地表水源供给。

4.2.3.2　用水量变化趋势分析

通过分析 2014—2018 年中卫市用水量可知，整体呈减小趋势，2019 年受黄河上中游来水偏多影响用水略增。从各行业用水量分析，农业用水量由 2014 年的 10.77 亿 m^3 下降至 2018 年的 10.40 亿 m^3，但 2019 年引黄灌溉水量（不含农垦用水量）增加至 11.62 亿 m^3，中卫市作为黄河自流灌溉市，农业用水所占比例稳定在 90% 左右；全市工业用水量逐年略增；生活用水量随着人口持续增长、城镇化率提高及人民生活水平提升而持续增长，由 2014 年的 0.26 亿 m^3 增加至 2019 年的 0.34 亿 m^3，湖泊生态补水量略有增加，与近年全市开展湖泊修复、打造宜居城市、强化生态文明建设具有密切关系（表4.18）。

表4.18　中卫市2014—2019年用水量变化特征

年　份	各行业用水量/亿 m³					各行业用水占比/%			
	合计	农业	工业	生活	生态	农业	工业	生活	生态
2014	12.17	10.77	0.42	0.26	0.72	88.54	3.44	2.13	5.89
2015	11.78	10.81	0.38	0.28	0.32	91.70	3.22	2.39	2.69
2016	11.91	10.76	0.41	0.31	0.44	90.33	3.43	2.58	3.67
2017	11.71	10.54	0.42	0.37	0.38	90.01	3.58	3.13	3.28
2018	11.65	10.40	0.51	0.36	0.38	89.30	4.35	3.06	3.29
2019	12.94	11.62	0.51	0.34	0.47	89.79	3.92	2.66	3.63
平　均	12.03	10.82	0.44	0.32	0.45	89.94	3.66	2.65	3.75

注　数据来自历年宁夏水资源公报，其中2014—2018年为公报中考核分区用水量，2019年为公报中行政分区用水量扣除农垦用水量。

4.2.4　耗水量分析

分析发现，2019年中卫市耗水总量82940万 m³，耗水由地表水与地下水组成，其中地表水耗水量78300万 m³（含农垦耗水量5600万 m³）占总耗水量的94.4%；地下水耗水量4640万 m³，占总耗水量的5.6%。分行业耗水量中，农业耗水量最多，为73260万 m³，占总耗水量的88.3%；工业耗水量2950万 m³，占3.6%；生态耗水量4700万 m³，占5.7%；城镇生活和农村人畜耗水量仅占2.4%。中卫市2019年各分区耗水量统计见表4.19。

2014—2019年中卫市耗水量（不含农垦耗水量）呈现稳中有升的态势，由64000万 m³增至77300万 m³，其中地表水耗水量由60000万 m³增长至72700万 m³；地下水耗水量基本保持稳定。中卫市2014—2019年耗水量变化特征见表4.20。

表4.19　中卫市2019年各分区耗水量统计　　　　单位：万 m³

分　区		城镇生活	农村人畜	工业	农业	生态环境	总耗水量			
							合计	其中地表水耗水量	其中地下水耗水量	其中农垦耗水量
水资源分区	引黄灌区	561	236	2535	23205	3329	29866	28301	1565	0
	黄左	11	84	61	6055	1371	7582	7364	218	0
	黄右	52	240	208	11147	0	11646	11220	426	0
	甘塘内陆区	0	0	0	0	0	0	0	0	0
	清水河	136	710	146	32853	0	33845	31415	2430	5600

续表

分区		城镇生活	农村人畜	工业	农业	生态环境	总耗水量			
							合计	其中地表水耗水量	其中地下水耗水量	其中农垦耗水量
行政分区	沙坡头区	430	410	1730	23530	4570	30670	29280	1390	300
	中宁县	220	400	1220	38580	130	40550	39320	1230	5300
	海原县	110	460	0	11150	0	11720	9700	2020	0
合计		760	1270	2950	73260	4700	82940	78300	4640	5600

注 各行政区数据主要来自《2019年宁夏水资源公报》及其附件，其中农垦耗水量按初始水权计。

表 4.20　　　　　　　中卫市 2014—2019 年耗水量变化特征　　　　单位：万 m³

年份	农业	工业	城镇生活	农村人畜	生态环境	合计	其中地表水耗水量
2014	52800	2400	400	1300	7200	64000	60000
2015	57100	2300	400	1400	3200	64400	60400
2016	61300	2600	500	1300	4400	70100	65600
2017	53000	2900	900	1300	3800	61900	57300
2018	55900	3200	900	1300	3800	65100	59800
2019	67700	3000	800	1300	4700	77300	72700
平均	58000	2700	700	1300	4500	67100	62600

注 数据来自历年宁夏水资源公报，其中 2014—2018 年为水资源公报中考核分区耗水量，2019 年为水资源公报中行政分区耗水量扣除农垦初始水权。

4.2.5　水资源利用情势解析

（1）用水水平分析。2019 年中卫市总用水量为 140360 万 m³，人均综合用水量为 1195m³，高于宁夏全区人均用水量，分别是全国和黄河流域人均用水量的 2.77 倍、3.62 倍。各县区受水资源分布和经济发展水平影响，人均用水量差异较大，中宁县和沙坡头区依黄河取水条件优越，人均综合用水量高于中卫市和宁夏平均水平，远高于全国及黄河流域；海原县水资源条件最差，人均用水量 304m³，仅占中卫市人均用水量的 1/4，约占宁夏全区人均用水量的 1/3，也低于全国和黄河流域人均用水水平。

2019 年中卫市生产总值总量 437.65 亿元，工业增加值 152.17 亿元，万元生产总值用水量 321m³，是宁夏全区平均用水量的 1.72 倍，是全国及黄河流域平均万元生产总值用水量的 5.27 倍、5.79 倍；中卫市万元工业增加值用水量为 33.3m³，高于宁夏全区和全国平均水平，但距黄河流域工业平均用水水平还有较大差距。

2019 年中卫市城镇综合生活（含城镇居民、建筑和三产）用水量 96L/（人·d），远低于宁夏全区平均城镇综合生活用水量 182L/（人·d），仅约占全国城镇综合生活平均用水量的 43%；其中海原县用水水平最低，城镇综合人均生活用水量仅 53L/（人·d），是宁夏全区人均综合生活用水量的 1/3，也远远低于全国和黄河流域城镇人均综合生活用水量。通过分析，2019 年中卫市农村居民生活用水量 29L/（人·d），接近宁夏全区平均用水水平，远低于黄河流域和全国农村居民人均生活用水量。

2019 年中卫市农业实际灌溉面积 185.44 万亩，灌溉水利用系数 0.528，低于全区、全国及黄河流域农业灌溉平均水平。农业灌溉亩均用水量 682m³，略高于宁夏全区农业灌溉用水量，是全国农业灌溉亩均用水量的 1.86 倍，是黄河流域农业灌溉亩均用水量的 2.15 倍。受降水、蒸发差异及宁夏灌区灌溉用水独特的绿洲生态保障功能影响，宁夏农业亩均灌溉用水量较周边省区及全国平均水平偏高，若扣除灌区担负自然生态功能的用水后（约占总耗水量的 1/3），亩均灌溉用水量将显著减小。2019 年中卫市农业亩均灌溉耗水量仅 392m³，高于宁夏全区农业亩均灌溉耗水量 336m³，与全国平均水平较为接近，但仍与黄河流域农业灌溉亩均用水量有一定差距。由此可知，中卫市作为黄河流域首个自流灌溉市，农业用水效率偏低，尚有较大节水潜力。

中卫市 2019 年用水水平对比情况见表 4.21。

表 4.21　　　中卫市 2019 年用水水平对比情况

区域/流域		人均综合用水量/m³	万元生产总值用水量/m³	万元工业增加值用水量/m³	城镇综合生活用水量/[L/（人·d）]	农村居民生活用水量/[L/（人·d）]	农业灌溉亩均用水量/（m³/亩）	灌溉水有效利用系数
中卫市	沙坡头区	1479	322	42.0	115	34	688	0.510
	中宁县	1884	390	27.4	103	31	775	0.525
	海原县	304	162	29.6	53	24	414	0.658
	合计	1195	321	33.3	96	29	682	0.528
宁夏		1006	187	34.9	182	30	648	0.543
全国		431	61	38.4	225	89	368	0.559
黄河流域		330	55	21.6	162	69	319	0.560

注　宁夏、全国及黄河流域数据主要来自《2019 年宁夏水资源公报》《2019 年全国水资源公报》。

（2）用水水平变化。根据历年宁夏水资源公报，结合近年来中卫市各行业用水量及经济指标分析，随着中卫市节水力度不断增强，用水效率不断提高，2014—2019 年，全市万元生产总值用水量从 412m³ 减少到 321m³，万元工业增加值用水量由 45m³ 减少到 33m³，农业灌溉水利用系数由 0.465 提高到 0.528。中卫市历年用水指标变化情况见表 4.22。

表 4.22 中卫市历年用水指标变化情况

年份	人均综合用水量/m³	万元生产总值用水量/m³	农业亩均用水量/m³	农业亩均耗水量/m³	万元工业增加值用水量/m³	灌溉水利用系数
2014	1073	412	592	329	45	0.465
2015	1032	374	589	328	39	0.483
2016	1032	351	589	360	39	0.500
2017	1012	314	578	291	35	0.508
2018	1082	314	610	336	41	0.526
2019	1195	321	682	392	33	0.528

注　表中数据主要来自历年宁夏水资源公报。

4.3 水资源利用问题诊断

4.3.1 阿坝州黄河流域（湿润区）

综上所述，对阿坝州黄河流域（湿润区）水资源利用问题进行诊断：

（1）水资源开发利用基础设施建设滞后，流域高质量发展水利支撑能力不足。阿坝州黄河流域地处高原地区，条件艰苦，社会经济发展较为缓慢，2018年流域人均生产总值约 2 万元，仅为全国平均水平的 1/3。流域公共服务规模不足、质量不高，水资源开发利用基础设施建设整体滞后，现有水利工程多数为小微型，建设标准低，建设年限久远，老化失修，且工程配套能力弱，影响当地农业生产和经济社会发展；流域高质量发展水利支撑能力不足。

（2）综合用水水平偏低，用水效率有待提高。阿坝州黄河流域 2018 年万元生产总值用水量 118m³，与全国平均的 67m³、黄河流域的 56m³ 和四川省的64m³ 相比明显偏偏高。2018 年，阿坝州黄河流域万元工业增加值用水量 56m³，高于全国平均的 41m³、黄河流域的 22m³ 和四川省的 35m³。阿坝州黄河流域灌区存在着灌水技术落后、灌溉设施老化、工程配套不完善、管理水平低等问题，灌溉水利用系数约 0.45，低于全国平均水平的 0.55、黄河流域的 0.55 和四川省的 0.47。此外，流域城镇供水管网铺设年代跨度较大，老化失修，跑、冒、滴、漏现象普遍存在，用水效率需进一步提高。

（3）部分地区水质不达标，饮水安全问题未彻底解决。在夏季雨水较多时，河水又浑浊不堪，牧区和半牧区的部分群众饮水水质都存在不同程度的细菌学指标超标的现象。贾洛镇及贾柯河牧场地区无水源点，不具备管网建设条件，采取打井的方式取水。由于该地区处于草原沼泽区，原有的干净水抽完后靠沼泽水补充，故后期抽的水为沼泽水，水质不达标。

（4）饮水工程运行管理不完善。截至目前，安全饮水工程已建 500 余处供水系统，工程建设完毕并过质保期后，饮水设施后期的管理部门存在空缺，导致无责任主体对工程设施进行维护维修。冬季容易再造成局部供水管道冻结，从而导致用水不能正常供给，甚至住户水龙头损坏，受损户无法确定相关责任部门。管理机构不健全，责任不明确。由于水务部门人员少，又要负责建设任务，大量的建后管理工作由乡镇村负责，缺乏管理人才及管理人员队伍，供水管理员是临时抽调人员。

（5）资金投入不足。由于资金投入不足，农村饮水安全工程尚不能完全满足农村居民用水需求，且随着人口不断增加，农村饮水安全工程需要巩固提升，提质改造。且因阿坝州黄河流域地处高原，冰冻期长，饮水安全工程容易老化、冻坏，需要加大资金投入，定期维护。

4.3.2 宁夏中卫市（干旱区）

综上所述，对宁夏中卫市（干旱区）水资源利用问题进行诊断：

（1）当地水资源禀赋不足，黄河干流水已超载。中卫市干旱少雨，多年平均降水量仅 261mm，多年平均蒸发量达 1256mm，1956—2016 年系列多年平均水资源总量为 13830.00 万 m^3，人均当地水资源量仅 103m^3，特别是中南部海原县扬黄工程覆盖区域外，人均水资源可利用量更少，属水资源紧缺地区。当地地表水资源匮乏，地下水除沿黄地区外大多属于微咸水、苦咸水，难以有效开发利用。随着建设美丽宁夏、实现乡村振兴等战略规划的部署实施，中卫市生产、生活等刚性需水量都将不同程度地增加，水资源刚性约束下缺水问题将愈发突出，同时对黄河水的依赖程度将更为迫切，水依旧是制约中卫市高质量发展最大瓶颈。

（2）水资源利用效率偏低，用水结构严重失衡。中卫市 2019 年用水效率总体偏低，万元生产总值用水量是宁夏全区平均用水量的 1.72 倍，是全国及黄河流域的 5.27 倍、5.79 倍；灌溉水利用系数 0.528，低于全区、全国及黄河流域农业灌溉平均水平。中卫市作为黄河流域首个自流灌溉市，农业用水占比达 90.7%，高于宁夏全区农业用水平均占比 84.8%，远高于黄河流域的 69.8% 和全国的 61.2%，但同时居民生活用水水平尤其农村居民生活用水水平极低，年中卫市农村居民生活用水量 29L/（人·d），仅占全国农村居民平均用水量的 1/3，是黄河流域平均水平的 2/5，全市用水结构失衡。引黄灌区种植结构以玉米、水稻为主，灌区灌溉用水量大、时段集中，时段供水矛盾突出。全市 2019 年浅层地下水、中水等水资源利用量少，浅层地下水利用量为可利用量的 40％左右，中水利用量仅为 420 万 m³。

（3）水利基础设施薄弱，区域高质量发展水利支撑能力不足。中卫市当地地表水资源缺乏，可利用水资源量少，且主要是季节性山洪，缺乏骨干调控工程，有限的当地水资源难以有效利用，制约水资源优化配置；现有水利基础设施薄弱，且多数为小微型，建设标准低，建设年限久远，老化失修，且工程配套能力弱；如部分引、扬黄灌区工程配套尚不完善，引、排水工程均存在老化和不配套现象；海原县部分小型水库建于 20 世纪 70 年代，经过几十年的运行，库坝淤积严重，有效库容锐减，致使库坝拦蓄能力下降，蓄水量锐减，无法发挥对水资源的调蓄功能，严重影响当地农业生产和经济社会发展，区域高质量发展水利支撑能力不足。

第 5 章

需水预测与供水分析

5.1 四川阿坝州黄河流域（湿润区）需水预测

5.1.1 生活需水

2018 年，阿坝州黄河流域居民生活需水量为 463 万 m³，其中城镇、农村居民生活需水量分别为 175 万 m³、288 万 m³，城镇、农村居民生活用水定额分别为 127L/（人·d）、90L/（人·d）。依据《四川省行业用水定额标准》，规划 2025 年城镇、农村居民生活用水定额分别增加到为 135L/（人·d）、100L/（人·d），2035 年城镇、农村居民生活用水定额分别为 142L/（人·d）、100L/（人·d）。预测 2025 年城镇、农村居民生活需水量分别为 291 万 m³、268 万 m³，2035 年城镇、农村居民生活需水量分别为 387 万 m³、250 万 m³。阿坝州黄河流域居民生活需水量预测见表 5.1。

5.1.2 工业需水

2018 年，阿坝州黄河流域工业需水量 198 万 m³，用水定额为 56m³/万元。随着节水技术的推广和深入，工业产业结构调整力度的加大，水的重复利用率将有所提高，同时，根据最严格水资源管理制度有关要求，阿坝州黄河流域工业需水定额仍具有一定的下降空间。依据阿坝州及其各县区水利发展规划成果，规划 2025 年工业用水定额较 2018 年下降 13%，达到 49m³/万元，工业需水量达到 269 万 m³；2035 年工业用水定额较 2025 年下降 16%，达到 41m³/万元，工业需水量达到 387 万 m³。阿坝州黄河流域工业需水量预测见表 5.2。

5.1.3 建筑业及第三产业需水

2018 年，阿坝州黄河流域建筑业、第三产业需水量为 17.2 万 m³、123.0 万 m³，

表 5.1　阿坝州黄河河流域居民生活需水量预测

水资源分区		行政区划		城镇 需水定额 [L/(人·d)]			城镇 需水量/万 m³			农村 需水定额 [L/(人·d)]			农村 需水量/万 m³		
分区	编码	县（区）	编码	2018年	2025年	2035年	2018年	2025年	2035年	2018年	2025年	2035年	2018年	2025年	2035年
黄河干流及诸小支流	Q1	阿坝县	Q1-01	160	160	160	12	20	27	98	100	100	26	25	25
		若尔盖县	Q1-02	105	110	120	2	3	4	87	100	100	16	18	19
		小　计		149	151	153	14	23	31	94	100	100	42	43	44
贾曲	Q2	阿坝县	Q2-01	159	160	160	25	41	55	98	100	100	54	51	51
白河	Q3	红原县	Q3-01	140	150	160	72	120	148	85	100	100	45	28	21
		阿坝县	Q3-02	—	—	—	—	—	—	99	100	100	8	9	10
		若尔盖县	Q3-03	101	110	120	6	8	10.3	76	100	100	3	2	2
		小　计		136	147	157	77	129	159	86	100	100	56	39	33
黑河	Q4	红原县	Q4-01	154	150	160	5	8	11	85	100	100	39	46	47
		松潘县	Q4-02	—	—	—	—	—	—	—	—	—	—	—	—
		若尔盖县	Q4-03	102	110	120	53	91	129	89	100	100	97	88	75
		小　计		105	112	122	59	99	141	88	100	100	136	134	122
县级行政分区		阿坝县		159	160	160	37	61	83	98	100	100	88	85	86
		红原县		141	150	160	77	128	160	85	100	100	84	74	69
		松潘县		—	—	—	—	—	—	—	—	—	—	—	—
		若尔盖县		102	110	120	61	103	145	88	100	100	116	109	95
合　计				127	135	142	175	291	387	90	100	100	288	268	250

表5.2 阿坝州黄河流域工业需水量预测

水资源分区		行政区划		需水定额/(m³/万元)			需水量/万 m³		
分区	编码	县（区）	编码	2018 年	2025 年	2035 年	2018 年	2025 年	2035 年
黄河干流及诸小支流	Q1	阿坝县	Q1-01	44	37	31	3	4	4
		若尔盖县	Q1-02	44	37	31	15	16	19
		小 计		33	37	31	18	20	23
贾曲	Q2	阿坝县	Q2-01	44	37	31	7	7	8
白河	Q3	红原县	Q3-01	65	55	46	133	194	295
		阿坝县	Q3-02	—	—	—	—	—	—
		若尔盖县	Q3-03	—	—	—	—	—	—
		小 计		38	55	46	133	194	295
黑河	Q4	红原县	Q4-01	—	—	—	—	—	—
		松潘县	Q4-02	—	—	—	—	—	—
		若尔盖县	Q4-03	44	37	31	40	48	61
		小 计		31	37	31	40	48	61
县级行政分区		阿坝县		44	37	31	10	11	12
		红原县		65	55	46	133	194	295
		松潘县		—	—	—	—	—	—
		若尔盖县		44	37	31	55	65	80
合 计				56	49	41	198	269	387

建筑业、第三产业用水定额分别为 7.0m³/万元、11.5m³/万元。随着节水技术的推广和深入，节水力度加大，城镇管网漏失率降低，规划 2025 年建筑业、第三产业用水定额分别较 2018 年下降 8%、10%，用水定额分别下降到 6.4m³/万元、10.4m³/万元，预测 2025 年建筑业、第三产业需水量分别为 22.6 万 m³、188.8 万 m³。规划 2035 年建筑业、第三产业用水定额分别较 2025 年下降 8%、9%，用水定额分别下降到 5.9m³/万元、9.4m³/万元，预测 2035 年建筑业、第三产业需水量分别为 32.7 万 m³、299.9 万 m³。阿坝州黄河流域建筑业及第三产业需水量预测见表 5.3。

5.1.4 农业需水

2018 年阿坝州黄河流域农田、牧草需水量分别为 325 万 m³、399 万 m³，农田、牧草亩均灌溉用水量分别为 218m³/亩、150m³/亩，灌溉水利用系数为 0.45。随着节水技术的推广和深入，节水力度加大，灌区节水改造和现代化灌区建设，2025 年灌溉水利用系数增加到 0.50，农田、牧草亩均灌溉用水量分别

表5.3 阿坝州黄河流域建筑业及第三产业需水量预测

水资源分区		行政区划		建筑业需水						第三产业需水					
分区	编码	县（区）	编码	需水定额/(m³/万元)			需水量/万m³			需水定额/(m³/万元)			需水量/万m³		
				2018年	2025年	2035年	2018年	2025年	2035年	2018年	2025年	2035年	2018年	2025年	2035年
黄河干流及诸小支流	Q1	阿坝县	Q1-01	7.2	6.6	6.1	0.7	1.0	1.4	10.2	9.2	8.2	1.5	2.0	3.0
		若尔盖县	Q1-02	7.0	6.5	6.0	0.9	1.2	1.7	13.6	12.3	11.0	10.8	16.7	27.7
		小　计		7.1	6.5	6.0	1.7	2.2	3.1	13.1	11.8	10.7	12.3	18.6	30.7
贾曲	Q2	阿坝县	Q2-01	7.2	6.6	6.1	1.5	1.9	2.7	10.2	9.2	8.2	3.0	4.0	6.1
白河	Q3	红原县	Q3-01	7.1	6.5	6.0	3.8	4.9	7.0	8.7	7.8	7.1	27.7	42.7	59.1
		阿坝县	Q3-02	—	—	—	0.4	0.5	0.7	13.5	12.1	10.9	27.0	43.0	74.3
		若尔盖县	Q3-03	7.0	6.5	6.0	4.3	5.5	7.7	10.5	9.5	8.8	54.7	85.7	133.4
		小　计		7.1	6.5	5.5	2.2	2.8	4.0	9.1	8.2	7.4	10.3	15.9	26.5
黑河	Q4	红原县	Q4-01	6.5	6.0	—	7.6	10.2	15.1	13.6	12.2	11.0	43.2	64.5	103.4
		松潘县	Q4-02	—	—	—	9.8	13.0	19.1	12.4	11.1	10.0	53.5	80.4	129.8
		若尔盖县	Q4-03	7.0	6.5	6.1	2.2	2.9	4.2	10.2	9.2	8.2	4.0	6.0	9.0
		小　计		6.9	6.4	5.8	6.0	7.8	11.0	8.8	7.9	7.2	38.0	58.6	85.6
县级行政区划		阿坝县		7.2	6.6	6.1	9.0	12.0	17.5	13.6	12.2	11.0	43.2	64.5	103.4
		红原县		6.9	6.3	5.8	17.2	22.6	32.7	12.4	11.1	10.0	53.5	80.4	129.8
		松潘县		—	—	—				10.2	9.2	8.2	4.0	6.0	9.0
		若尔盖县		7.0	6.5	6.0				8.8	7.9	7.2	38.0	58.6	85.6
合　计				7.0	6.4	5.9				11.5	10.4	9.4	123.0	188.8	299.9

表 5.4　阿坝州黄河流域农业灌溉需水量预测

水资源分区		行政区划		农田需水量						牧草需水量					
分区	编码	县（区）	编码	毛定额/(m³/亩)			需水量/万 m³			毛定额/(m³/亩)			需水量/万 m³		
				2018年	2025年	2035年	2018年	2025年	2035年	2018年	2025年	2035年	2018年	2025年	2035年
黄河干流及诸小支流	Q1	阿坝县	Q1-01	228	210	190	76	70	63	185	170	154	3	3	157
		若尔盖县	Q1-02	222	200	182	47	42	38	150	135	122	31	28	50
		小　计		226	206	187	123	112	102	152	137	145	34	31	207
贾曲	Q2	阿坝县	Q2-01	211	194	176	144	132	120	188	173	158	7	180	163
白河	Q3	红原县	Q3-01	213	192	175	10	9	9	164	148	134	166	297	1008
		阿坝县	Q3-02	207	190	173	1	1	1	174	160	145	1	1	1
		若尔盖县	Q3-03	223	201	182	37	34	31	127	114	104	4	4	24
		小　计		220	198	180	49	44	40	163	147	133	172	302	1033
黑河	Q4	红原县	Q4-01	213	192	175	2	2	2	125	112	102	77	69	63
		松潘县	Q4-02	—	—	—	—	—	—	—	—	—	—	—	—
		若尔盖县	Q4-03	214	193	175	7	6	5	150	135	123	109	125	432
		小　计		214	192	175	9	8	7	138	126	120	186	194	495
县级行政分区		阿坝县		216	199	181	221	203	185	186	173	156	11	184	322
		红原县		213	192	175	13	12	10	149	139	132	243	366	1071
		松潘县		—	—	—	—	—	—	—	—	—	—	—	—
		若尔盖县		222	200	182	91	82	74	149	134	121	144	157	506
合　计				218	199	181	325	297	270	150	145	132	399	707	1899

下降到为 199m³/亩、145m³/亩，农田、牧草需水量分别为 297 万 m³、707 万 m³；2035 年灌溉水利用系数增加到 0.55，农田、牧草亩均灌溉用水量分别下降到为 181m³/亩、124m³/亩，农田、牧草需水量分别为 270 万 m³、1899 万 m³。阿坝州黄河流域农业灌溉需水量预测见表 5.4。

5.1.5　牲畜需水

2018 年阿坝州黄河流域牲畜需水量为 1450 万 m³，其中大牲畜、小牲畜需水量分别为 1271 万 m³、179 万 m³。大牲畜、小牲畜用水定额分别为 40L/(头·d)、10L/(头·d)。2025 年，大牲畜、小牲畜用水定额分别为 41L/(头·d)、10L/(头·d)，大牲畜、小牲畜需水量分别增加到 1303 万 m³、190 万 m³；2035 年，大牲畜、小牲畜用水定额分别为 43L/(头·d)、10L/(头·d)，大牲畜、小牲畜需水量分别增加到 1381 万 m³、191 万 m³。阿坝州黄河流域牲畜需水量预测见表 5.5。

5.1.6　河道外生态环境需水

阿坝州黄河流域河道外生态环境需水量包括城镇绿化需水量和环境卫生需水量。城镇绿化、环境卫生需水均采用定额法计算，2018 年阿坝州黄河流域城镇绿化、环境卫生需水量分别为 2.87 万 m³、7.02 万 m³。根据《室外给水设计标准》(GB 50013—2018)，浇洒绿地用水可按浇洒面积以 1.0～3.0L/(m²·d) 计算，浇洒道路用水可按浇洒面积以 2.0～3.0L/(m²·d) 计算。未来水平年城镇绿化、环境卫生用水定额分别为 1.0L/(m²·d)、2.0L/(m²·d)。预测 2025 年城镇绿化、环境卫生需水量分别为 14.06 万 m³、55.92 万 m³；2035 年城镇绿化、环境卫生需水量分别为 20.11 万 m³、73.73 万 m³。阿坝州黄河流域河道外生态环境需水量预测见表 5.6。

5.1.7　河道外总需水分析

2018 年阿坝州黄河流域总需水量 2984 万 m³，2025 年增加到 3755 万 m³，较 2018 年增加了 26%，年均增长率为 3.3%；2035 年总需水量进一步增加到 5217 万 m³，较 2025 年增加了 39%，年均增长率为 3.3%。阿坝州黄河流域河道外需水量预测见表 5.7。

(1) 城镇、农村需水量。2018 年阿坝州黄河流域城镇居民生活需水量为 175 万 m³，占总需水量的 5.9%；2025 年城镇居民生活需水量增加到 291 万 m³，占总需水量的 7.7%；2035 年城镇居民生活需水量增加到 387 万 m³，占总需水量的 4.7%。

表 5.5　阿坝州黄河流域牲畜需水量预测

水资源分区		行政区划		大牲畜 需水定额/[L/(头·d)]			大牲畜 需水量/万 m³			小牲畜 需水定额/[L/(头·d)]			小牲畜 需水量/万 m³		
分区	编码	县（区）	编码	2018年	2025年	2035年	2018年	2025年	2035年	2018年	2025年	2035年	2018年	2025年	2035年
黄河干流及诸小支流	Q1	阿坝县	Q1-01	44	40	43	84	77	83	11	15	15	3	4	4
		若尔盖县	Q1-02	41	42	43	50	52	53	10	10	10	33	35	35
		小　计		42	41	43	134	128	135	10	10	10	36	39	39
贾曲	Q2	阿坝县	Q2-01	39	40	43	181	185	199	12	15	15	7	10	10
白河	Q3	红原县	Q3-01	39	40	43	373	385	414	8	10	10	8	11	11
		阿坝县	Q3-02	40	40	43	37	37	40	11	10	10	6	6	6
		若尔盖县	Q3-03	41	42	43	28	32	35	9	10	10	3	4	5
		小　计		39	40	43	438	453	486	9	10	10	17	21	22
黑河	Q4	红原县	Q4-01	39	40	43	195	202	218	8	10	10	1	1	1
		松潘县	Q4-02	—	—	—	—	—	—	—	—	—	—	—	—
		若尔盖县	Q4-03	41	42	43	323	334	343	10	10	10	117	122	122
		小　计		40	41	43	518	537	560	10	10	10	118	123	123
县级行政分区		阿坝县		40	40	43	302	299	321	11	13	13	17	19	19
		红原县		39	40	43	569	587	631	8	10	10	8	12	12
		松潘县		—	—	—	—	—	—	—	—	—	—	—	—
		若尔盖县		41	42	43	400	417	428	10	10	10	154	160	161
合　计				40	41	43	1271	1303	1381	10	10	10	179	190	191

表 5.6　阿坝州黄河流域河道外生态环境需水量预测

水资源分区		行政区划		城镇绿化 需水定额 [L/(m²·d)]			城镇绿化 需水量/万 m³			环境卫生 需水定额 [L/(m²·d)]			环境卫生 需水量/万 m³		
分区	编码	县（区）	编码	2018年	2025年	2035年	2018年	2025年	2035年	2018年	2025年	2035年	2018年	2025年	2035年
黄干及小支流	Q1	阿坝县	Q1-01	0.43	1.00	1.00	0.04	0.25	0.51	0.43	2.00	2.00	0.25	2.21	3.39
		若尔盖县	Q1-02	0.35	1.00	1.00	0.04	0.18	0.32	0.35	2.00	2.00	0.02	0.39	0.58
		小　计		0.38	1.00	1.00	0.08	0.43	0.83	0.38	2.00	2.00	0.27	2.60	3.97
贾曲	Q2	阿坝县	Q2-01	0.45	1.00	1.00	0.09	0.51	1.04	0.45	2.00	2.00	0.51	4.04	6.26
		小　计		0.00	1.00	1.00	0.09	0.51	1.04	0.00	2.00	2.00	0.51	4.04	6.26
白河	Q3	红原县	Q3-01	0.46	1.00	1.00	0.90	3.80	5.30	0.46	2.00	2.00	4.80	34.71	41.93
		阿坝县	Q3-02	—	1.00	1.00	—	—	—	—	2.00	2.00	—	—	—
		若尔盖县	Q3-03	0.35	1.00	1.00	0.14	0.82	0.97	0.35	2.00	2.00	0.10	0.92	1.36
		小　计		0.40	1.00	1.00	1.05	4.63	6.27	0.40	2.00	2.00	4.89	35.63	43.29
黑河	Q4	红原县	Q4-01	0.46	1.00	1.00	0.05	0.20	0.28	0.46	2.00	2.00	0.25	1.83	2.68
		松潘县	Q4-02	—	—	—	—	—	—	—	—	—	—	—	—
		若尔盖县	Q4-03	0.35	1.00	1.00	1.61	8.30	11.68	0.35	2.00	2.00	1.09	11.82	17.53
		小　计		0.36	1.00	1.00	1.66	8.50	11.96	0.36	2.00	2.00	1.34	13.64	20.20
县级行政分区		阿坝县		0.44	1.00	1.00	0.13	0.76	1.55	0.44	2.00	2.00	0.76	6.25	9.65
		红原县		0.46	1.00	1.00	0.95	4.00	5.58	0.46	2.00	2.00	5.05	36.54	44.61
		松潘县		—	—	—	—	—	—	—	—	—	—	—	—
		若尔盖县		0.35	1.00	1.00	1.79	9.30	12.98	0.35	2.00	2.00	1.21	13.13	19.47
		合　计		0.38	1.00	1.00	2.87	14.06	20.11	0.38	2.00	2.00	7.01	55.92	73.73

表5.7　阿坝州黄河流域河道外需水量预测

单位：万 m³

水资源分区		行政区划		水平年	居民生活			工业	建筑业	三产	农业			牲畜			城镇生态			总需水量
分区	编码	县（区）	编码		城镇居民	农村居民	小计		业	产	农田	牧草	小计	大牲畜	小牲畜	小计	绿化	环卫	小计	
黄河干流及诸小支流	Q1	阿坝县	Q1-01	2018	12	26	38	3	1	1	76	3	79	84	3	87	0	0	0	210
				2025	20	25	45	4	1	2	70	3	73	77	4	81	0	2	2	208
				2035	27	25	52	4	1	3	63	157	221	83	4	87	1	3	4	372
		若尔盖县	Q1-02	2018	2	16	18	15	1	11	47	31	78	50	33	83	0	0	0	205
				2025	3	18	21	16	1	17	42	28	70	52	35	86	0	1	1	213
				2035	4	19	23	19	2	28	38	50	88	53	35	87	0	1	1	248
		小　计		2018	14	42	56	18	2	12	123	34	157	134	36	170	0	0	0	415
				2025	23	43	66	20	3	19	112	31	143	128	39	167	0	3	3	420
				2035	32	44	75	23	3	31	102	207	309	135	39	174	1	4	5	620
贾曲	Q2	阿坝县	Q2-01	2018	25	54	78	7	1	3	144	7	151	181	7	189	0	0	1	429
				2025	41	51	92	7	2	4	132	180	312	185	10	194	1	4	5	616
				2035	56	51	107	8	3	6	120	163	284	199	10	208	1	6	7	623
白河	Q3	红原县	Q3-01	2018	72	45	117	133	4	28	10	166	177	373	8	381	0	35	6	844
				2025	120	28	148	194	5	43	9	297	307	385	10	394	4	35	39	1129
				2035	149	21	170	295	7	59	9	740	748	414	10	423	5	42	47	1750
		阿坝县	Q3-02	2018	0	8	8	0	0	0	1	1	2	37	6	43	0	0	0	54
				2025	0	9	9	0	0	0	1	1	2	37	6	43	0	0	0	54
				2035	0	10	10	0	0	0	1	1	2	40	6	46	0	0	0	58

续表

水资源分区		行政区划		水平年	居民生活			工业	建筑业	三产	农业			牲畜			城镇生态			总需水量
分区	编码	县（区）	编码		城镇居民	农村居民	小计				农田	牧草	小计	大牲畜	小牲畜	小计	绿化	环卫	小计	
白河	Q3	若尔盖县	Q3-03	2018	6	3	8	0	0	27	37	4	42	28	3	31	0	0	0	109
				2025	8	2	11	0	1	43	34	4	38	31	4	35	1	1	2	128
				2035	10	2	12	0	1	74	31	24	55	33	4	37	1	1	2	181
		小　计		2018	77	56	133	133	4	55	49	172	221	438	17	455	0	0	6	1007
				2025	129	39	168	194	5	86	44	302	346	453	19	472	5	36	40	1312
				2035	159	33	192	295	8	133	40	765	805	486	20	506	6	43	50	1989
黑河	Q4	红原县	Q4-01	2018	5	39	44	0	2	10	2	77	79	195	1	196	0	0	0	333
				2025	8	46	54	0	3	16	2	69	71	202	1	203	0	0	2	350
				2035	11	47	58	0	4	26	2	63	65	218	1	219	0	3	3	375
		松潘县	Q4-02	2018	0	0	0	0	0	0	0	0	0	0	0	0	0	0	0	0
				2025	0	0	0	0	0	0	0	0	0	0	0	0	0	0	0	0
				2035	0	0	0	0	0	0	0	0	0	0	0	0	0	0	0	0
		若尔盖县	Q4-03	2018	53	97	151	40	8	43	7	109	115	323	117	440	0	0	3	800
				2025	91	88	179	48	10	65	6	273	279	334	122	456	8	12	20	1057
				2035	130	75	205	61	15	103	5	726	732	342	122	464	12	18	29	1609
		小　计		2018	59	136	195	40	10	54	9	186	195	518	118	636	0	0	3	1133
				2025	99	134	233	48	13	80	8	342	350	537	123	659	9	14	22	1407
				2035	141	122	263	61	19	130	7	789	797	560	123	683	12	20	32	1984

续表

水资源分区		行政区划		水平年	居民生活			工业	建筑业	三产	农业			牲畜			城镇生态			总需水量
分区	编码	县（区）	编码		城镇居民	农村居民	小计				农田	牧草	小计	大牲畜	小牲畜	小计	绿化	环卫	小计	
县级行政分区		阿坝县		2018	37	88	125	10	2	4	221	11	232	302	17	319	0	0	1	693
				2025	61	85	146	11	3	6	203	184	387	299	19	318	1	6	7	878
				2035	83	86	169	12	4	9	185	322	506	321	19	341	2	10	11	1052
		红原县		2018	77	84	161	133	6	38	13	243	256	569	8	577	0	0	6	1177
				2025	128	74	203	194	8	59	12	366	378	587	11	598	4	37	41	1479
				2035	160	69	229	295	11	86	10	803	813	631	11	642	6	45	50	2125
		松潘县		2018	0	0	0	0	0	0	0	0	0	0	0	0	0	0	0	0
				2025	0	0	0	0	0	0	0	0	0	0	0	0	0	0	0	0
				2035	0	0	0	0	0	0	0	0	0	0	0	0	0	0	0	0
		若尔盖县		2018	61	116	177	55	9	81	91	144	235	400	154	554	0	0	3	1114
				2025	103	109	211	65	12	124	82	305	387	417	160	577	9	13	22	1398
				2035	145	95	240	80	18	205	74	800	875	428	161	588	13	19	32	2039
合 计				2018	175	288	463	198	17	123	325	399	723	1271	179	1450	0	0	10	2984
				2025	291	268	560	269	23	189	297	855	1152	1303	190	1493	14	56	70	3755
				2035	387	250	637	387	33	300	270	1925	2194	1381	191	1571	20	74	94	5217

2018 年阿坝州黄河流域农村居民生活需水量为 288 万 m³，占总需水量的 9.7%；2025 年农村居民生活需水量增加到 268 万 m³，占总需水量的 7.1%；2035 年农村居民生活需水量增加到 250 万 m³，占总需水量的 4.8%。

（2）生活、生产和生态需水量。2018 年阿坝州黄河流域生活、生产、生态需水量分别为 604 万 m³、2371 万 m³、10 万 m³，占总需水量的比例分别为 20.2%、79.4%、0.03%；2025 年生活、生产、生态需水量分别增加到 771 万 m³、2914 万 m³、70 万 m³，占总需水量的比例分别为 20.5%、77.6%、1.9%，2018—2025 年生活、生产、生态需水量年均增长率为 3.6%、3.0%、32.3%。2035 年生活、生产、生态需水量分别增加到 970 万 m³、4153 万 m³、94 万 m³，占总需水量的比例分别为 18.6%、79.6%、1.8%。2025—2035 年生活、生产、生态需水量年均增长率为 2.3%、3.6%、3.0%。

5.2 四川阿坝州黄河流域（湿润区）供水分析

5.2.1 供水分析边界条件

1. 黄河可供水量分配方案

按照国务院"八七分水"方案，正常年份分配四川省黄河可供耗水量指标为 0.4 亿 m³。根据四川省水利厅 2019 年实施的《四川省主要江河流域水量分配方案》，阿坝州黄河流域分配水量指标为 0.39 亿 m³，甘孜州黄河流域分配水量指标为 0.01 亿 m³。

2. 用水总量控制指标

根据阿坝州人民政府办公室《阿坝州实行最严格水资源管理制度考核办法》，2020 年阿坝州用水总量控制指标为 3.4 亿 m³，2030 年阿坝州用水总量控制指标为 3.5 亿 m³，其中地下水开采控制量指标为 0.3 亿 m³；以上均包含阿坝州长江流域和黄河流域，见表 5.8。

表 5.8   **阿坝州用水总量控制指标**   单位：亿 m³

分 区	用水总量控制			其中：地下水开采控制量		
	2015 年	2020 年	2030 年	2015 年	2020 年	2030 年
阿坝州	2.2	3.4	3.5	0.25	0.3	0.3
阿坝县	0.1317	0.2035	0.2095	0.0506	0.0607	0.0607
红原县	0.1372	0.2122	0.2183	0.017	0.0204	0.0204
若尔盖县	0.1794	0.2772	0.2853	0.0142	0.017	0.017

3. 中水

阿坝州黄河流域污水处理厂2座、污水处理站1座，分别为若尔盖县城镇生活污水处理厂和红原县城市生活污水处理厂，以及若尔盖县唐克镇污水处理站。合计废污水处理能力0.95万t/d，其中若尔盖县城镇生活污水处理厂处理能力0.35万t/d，红原县城市生活污水处理厂处理能力0.5万t/d（现状为0.25万t/d），唐克镇污水处理站处理能力0.1万t/d。两座污水处理厂设计出水水质满足《城镇污水处理厂污染物排放标准》（GB 18918—2002）一级B标准，唐克镇污水处理站设计出水水质一级A标准。

5.2.2 可供水量分析

1. 地表水

依据黄河可供水量分配方案和阿坝州用水总量控制指标，结合现状供水工程供水能力和规划的供水工程供水量，预测不同水平年地表水供水量。

2025年水平，考虑城镇生活供水、饲草料基地供水工程等，经计算阿坝州黄河流域地表水供水量由现状的2622万 m³增加到3381万 m³，其中阿坝县地表水供水量800万 m³，红原县1310万 m³，若尔盖县1271万 m³。

2035年水平，考虑红原县阿木卡水库建成生效，若尔盖县唐克镇、辖曼镇、嫩哇乡等饲草料基地供水工程，经计算阿坝州黄河流域地表水供水量达到4844万 m³，其中阿坝县975万 m³，红原县1960万 m³，若尔盖县1909万 m³。

2. 地下水

依据阿坝州用水总量控制指标，结合现状机电井供水能力，预测不同水平年地下水供水量，规划水平年不再新建地下水供水工程。

阿坝州黄河流域地下水供水量较少，现状供水对象为部分农村居民、工业和牲畜用水，现状供水量为362万 m³。预测2025年阿坝州黄河流域地下水供水量为352万 m³，其中阿坝县78万 m³，红原县152万 m³，若尔盖县122万 m³。预测2035年阿坝州黄河流域地下水供水量为345万 m³，其中阿坝县78万 m³，红原县145万 m³，若尔盖县122万 m³。

3. 中水

中水是把排放的生活污水、工业废水回收，经过处理后，达到规定的水质标准并在一定范围内重复使用的非饮用水。中水虽不可直接饮用，但水质比较清洁，可用于厕所冲洗、园林灌溉、道路保洁、洗车、城市喷泉、景观、冷却设备补充用水等。

阿坝州黄河流域污水处理厂（站）3座，废污水处理能力为0.95万t/d，约合347万 m³/a。现状污水处理量134万 m³/a，处理后的废污水没有用水户，直接排入热曲和白河。规划水平年，随着经济社会发展和人口增加，废污水处理量较现状加大；规划城镇环境卫生水量采用部分中水。预测 2025 年水平，中水供环境卫生 23 万 m³，2035 年水平中水供环境卫生 30 万 m³。

4. 可供水量

综合所述，阿坝州黄河流域 2025 年水平供水量为 3755 万 m³，其中地表水供水量 3381 万 m³，地下水供水量 351 万 m³，中水供水量 23 万 m³；阿坝州黄河流域 2035 年水平供水量为 5217 万 m³，其中地表水供水量 4843 万 m³，地下水供水量 344 万 m³，中水供水量 30 万 m³。

分别按照城镇居民、农村居民、工业建筑三产、农田、牧草、牲畜、绿化环卫地表水供水量及相应的耗水系数，计算阿坝州黄河流域 2025 年水平地表水耗水量为 2820 万 m³，2035 年水平地表水耗水量为 3895 万 m³，满足黄河可供水量分配方案及《四川省主要江河流域水量分配方案》要求。

5.3 宁夏中卫市（干旱区）需水预测

5.3.1 生活需水

1. 城镇综合生活需水量

城镇生活需水量预测主要采用人均日用水量定额法进行预测。城镇居民生活用水标准与城镇规模、水源条件、生活水平及用水习惯等有关。

2019 年中卫市城镇生活用水量 1850 万 m³，城镇居民人均综合生活用水量（包括城镇居民用水和建筑用水、三产用水）为 96L/（人·d），其中城镇居民人均生活用水量为 66L/（人·d），远低于自治区城镇居民人均综合生活用水量 182L/（人·d）和城镇居民人均生活量 112L/（人·d）。

按照中卫市建设黄河流域生态保护和高质量发展先行市的要求，结合中卫市城镇现状用水实际，综合考虑城镇化水平的不断推进和城乡居民对美好生活的需求，以及未预见水量、城镇节水发展水平等因素，参考宁夏行业用水定额，拟定 2025 年、2035 年中卫市城镇居民人均综合生活用水量分别达到 169L/（人·d）、188L/（人·d）。

考虑 2025 年、2035 年中卫市城乡供水管网漏损率和水厂损失率分别降至 13%、12% 后，预测 2025 年、2035 年城镇综合生活需水量分别为 4752 万 m³、6960 万 m³。中卫市规划水平年城镇综合生活需水量预测见表 5.9。

2. 农村居民生活需水量

中卫市 2019 年农村生活用水量 680 万 m³，农村居民人均生活用水量仅 29L/（人·d），接近宁夏平均居民用水水平，但远低于黄河流域和全国农村居民人均生活用水。按照中卫市建设黄河流域生态保护和高质量发展先行市的要求和满足人民群众日益增长的美好生活需求，同时考虑到随着乡村振兴战略、城乡一体化建设、厕所革命的实施以及区域中心村建设、农村人居环境整治等深入推进，农村居民生活用水需求必然呈增长趋势。参考宁夏行业用水定额，拟定2025 年、2035 年中卫市农村居民人均综合生活用水量分别达到 68L/（人·d）、86L/（人·d）。

表 5.9　　　　　　　中卫市规划水平年城镇综合生活需水量预测

分　区		城镇综合生活用水定额/[L/（人·d）]		城镇综合生活需水量/万 m³	
		2025 年	2035 年	2025 年	2035 年
水资源分区	引黄灌区	172	191	2905	3832
	黄左	172	191	98	169
	黄右	172	191	304	489
	甘塘内陆区	172	191	0	0
	清水河	163	182	1444	2470
行政分区	沙坡头区	172	191	2045	2819
	中宁县	172	191	1510	2106
	海原县	161	181	1197	2035
合　计		169	188	4752	6960

注　该定额为城镇居民生活用水与公共设施用水之和，不包含市政绿化和管网漏失等用水量。

考虑 2025 年、2035 年中卫市城乡供水管网漏损率和水厂损失率分别降至 13％、12％后，预测 2025 年、2035 年中卫市农村居民生活需水量分别为 1648 万 m³、1745 万 m³。中卫市规划水平年农村居民生活需水量预测见表 5.10。

表 5.10　　　　　　中卫市规划水平年农村居民生活需水量预测

分　区		农村生活用水定额/[L/（人·d）]		农村生活需水量/万 m³	
		2025 年	2035 年	2025 年	2035 年
水资源分区	引黄灌区	75	90	223	156
	黄左	75	90	118	134
	黄右	75	90	322	368
	甘塘内陆区	75	90	0	0
	清水河	65	83	986	1087
行政分区	沙坡头区	75	90	486	477
	中宁县	75	90	521	577
	海原县	60	80	641	692
合　计		68	86	1648	1745

注　该定额为包括农村居民生活和庭院牲畜及庭院作物用水。

3. 畜牧业需水量

结合中卫市和自治区相关产业发展规划要求，规划水平年中卫市将大力发展以肉牛、奶牛和滩羊为主的畜牧业，到 2025 年全市奶牛、肉牛、滩羊存栏数分别达到 20.7 万头、29.6 万头、130 万只；2035 年分别达到 29.7 万头、39.6 万头、147.6 万只。参考宁夏行业用水定额，各类牲畜的用水定额分别为肉牛 50L/（头·d）、奶牛 100L/（头·d）、羊 8L/（只·d）。考虑畜牧业用水与城乡供水基本同管网，2025 年、2035 年按照供水管网漏损率和水厂损失率 13%、12% 分析后，预测 2025 年、2035 年中卫市畜牧业需水量分别为 1892 万 m³、2505 万 m³。中卫市规划水平年畜牧业需水量预测见表 5.11。

表 5.11　　　　　　　　中卫市规划水平年畜牧业需水量预测　　　　　　单位：万 m³

分　区		2025 年				2035 年			
		奶牛	肉牛	滩羊	小计	奶牛	肉牛	滩羊	小计
水资源分区	引黄灌区	498	151	92	741	760	209	112	1080
	黄左	24	14	20	58	24	14	20	58
	黄右	87	35	50	172	86	35	49	170
	甘塘内陆区	0	0	0	0	0	0	0	0
	清水河	243	410	267	921	343	552	302	1197
行政分区	沙坡头区	417	93	109	619	577	133	119	829
	中宁县	433	330	139	902	634	388	168	1190
	海原县	3	188	181	372	3	288	195	487
合　计		853	610	429	1892	1213	809	483	2505

4. 城镇绿化环境需水量

2019 年中卫市人均绿地面积为 18.2m²，按照中卫市黄河流域生态保护和高质量发展先行市建设提出的生态立市发展战略部署，规划水平年人均绿地面积分别增加到 21.0m²、23.2m²。参考宁夏行业用水定额，北部引黄灌区城市绿化用水定额为 0.24m³/（m²·a），中部干旱带绿化用水定额为 0.20m³/（m²·a）。结合规划水平年中卫市绿地面积发展规模，考虑管网损失率 13%、12% 后，预测 2025 年、2035 年中卫市城镇绿化环境需水量分别为 374 万 m³、543 万 m³。中卫市规划水平年城镇绿化环境需水量预测见表 5.12。

表 5.12 　　　　　　　中卫市规划水平年城镇绿化环境需水量预测

分　区		绿化用水定额/[m³/(m²·a)]		绿化环境需水量/万 m³	
		2025 年	2035 年	2025 年	2035 年
水资源分区	引黄灌区	0.24	0.24	252	337
	黄左	0.24	0.24	6	14
	黄右	0.24	0.24	30	44
	甘塘内陆区	0.24	0.24	0	0
	清水河	0.21	0.21	86	148
行政分区	沙坡头区	0.24	0.24	207	258
	中宁县	0.24	0.24	97	174
	海原县	0.20	0.20	69	111
合　计		0.23	0.23	374	543

5.3.2 工业需水

2019 年中卫市工业用水量为 5069 万 m³，工业增加值用水量为 33.3m³/万元。研究充分考虑中卫市现状工业产业结构和工业用水水平，以及未来产业转型升级、节水技术的推广和深入以及高质量发展的用水需要，按照《自治区水利厅关于审定以水定需管控实施方案的请示》提出的工业用水控制性指标约束要求，2025 年万元工业增加值用水量下降率达到 10%，中卫市工业用水效率将进一步提升，预测 2025 年全市工业增加值用水量降至 29.9m³/万元，2035 年降至 25.2m³/万元。

考虑 2025 年、2035 年工业用户供水管网损失率分别降至 12%、10% 后，预测 2025 年、2035 年中卫市工业需水量分别达到 8199 万 m³、13400 万 m³。中卫市规划水平年工业需水量预测见表 5.13。

表 5.13 　　　　　　　　中卫市规划水平年工业需水量预测

分　区		工业用水定额/(m³/万元)		工业需水量/万 m³	
		2025 年	2035 年	2025 年	2035 年
水资源分区	引黄灌区	30.3	25.6	6655	10398
	黄左	24.6	23.3	187	319
	黄右	37.8	28.6	484	695
	甘塘内陆区	—	—	0	0
	清水河	25.6	22.6	872	1988

续表

分区		工业用水定额/(m³/万元)		工业需水量/万 m³	
		2025 年	2035 年	2025 年	2035 年
行政分区	沙坡头区	37.8	28.6	4037	5794
	中宁县	24.6	23.3	3738	6385
	海原县	26.6	22.2	423	1221
合　计		29.9	25.2	8199	13400

5.3.3　农业需水

农业灌溉用水与灌溉面积、作物种植结构、节水灌溉规模、节水灌溉的形式以及灌水方式等密切相关，主要采用灌溉定额法预测需水量，综合灌溉定额需考虑净灌溉定额与灌溉水利用系数。中卫市 2019 年粮食作物以小麦、玉米、马铃薯和水稻为主，林果以枸杞、瓜果等为主，规划水平年通过加快供水工程网络建设、优化水资源配置、调整用水结构、灌区节水改造等措施，对中卫市涉及的水稻、枸杞、瓜果、优质饲草等种植结构进行优化调整，全市粮食作物、经济作物和林牧种植比例由 2019 年的 49：43：8 调整为规划水平 2025 年、2035 年的 36：52：12。

参考宁夏行业用水定额，结合前述农业发展指标章节中卫市作物种植结构分析，2019 年作物种植结构下中卫市灌溉净定额为 331m³/亩，规划水平年通过压减水稻面积、新增枸杞种植面积、籽粒玉米改青贮玉米和优质苜蓿等种植结构大力调整，对应规划水平年农业灌溉面积和作物种植结构，2025 年、2035 年灌溉净定额分别为 270m³/亩、266m³/亩。

随着中卫市现代化灌区建设及配套改造工程实施，以及农业节水技术的推广和深入，农业灌溉用水效率将得到有效提升。按照《自治区水利厅关于审定以水定需管控实施方案的请示》用水效率控制指标要求，2025 年全市灌溉水利用系数达到 0.58，2035 年进一步提高到 0.63，农业亩均毛灌溉用水量由 2019年的 622m³/亩分别下降到 456m³/亩、422m³/亩。结合规划水平年中卫市农业灌溉面积，预测 2025 年、2035 年中卫市农业灌溉需水量分别达到 115968 万 m³、107375 万 m³。中卫市规划水平年农业灌溉需水量预测见表 5.14。

5.3.4　生态环境需水

1. 湖泊生态需水量

湖泊生态需水量主要补充由于湖泊湿地蒸发、渗漏等损失的水量。2019 年中卫市主要湖泊面积为 17.8km²，湖泊补水量为 4700 万 m³，主要分布在沙坡头区和中宁县。规划水平年考虑水资源刚性约束，维持现状主要湖泊水面面积不变，结合中卫市蒸发、降雨等水文气象资料，预测 2025 年、2035 年主要湖泊生态补水量较 2019 年减少至 4640 万 m³。

表 5.14 中卫市规划水平年农业灌溉需水量预测

分 区		灌溉净定额/（m³/亩）			灌溉毛定额/（m³/亩）			灌溉需水量/万 m³		
		2019 年	2025 年	2035 年	2019 年	2025 年	2035 年	2019 年	2025 年	2035 年
水资源分区	引黄灌区	349	290	290	676	504	471	42941	54711	51151
	黄左	335	281	281	654	492	460	12397	9333	8723
	黄右	347	287	287	672	500	468	19431	14455	13513
	甘塘内陆区	—	—	—	—	—	—	0	0	0
	清水河	311	241	229	556	383	348	45990	37469	33988
行政分区	沙坡头区	328	278	278	643	488	456	49109	46998	43916
	中宁县	382	304	304	727	524	490	59301	55791	52192
	海原县	225	185	163	341	257	220	12351	13180	11267
合 计		331	270	266	622	456	422	120760	115968	107375

2. 生态防护林需水量

为充分发挥西北地区重要的生态安全屏障作用，预测到 2025 年中卫市新增防护林面积 21.56 万亩，2035 年维持 2025 年防护林面积不变。生态防护林灌溉多采用滴灌灌溉方式，参考宁夏行业用水定额，防护林滴灌灌溉定额取 140m³/亩，按灌溉水利用系数 0.72 计，预测 2025 年、2035 年中卫市新增生态防护林需水量为 4025 万 m³。

3. 冬灌生态补水量

宁夏引黄灌区维持适宜的地下水位是宁夏生态绿洲维系的重要条件，地下水位过低时，将造成区域生态退化。近年来随着引黄灌区节水力度的加大，宁夏引黄灌区地下水位持续下降。未来随着高效节灌、渠道砌护等措施的实施，灌区地下水的补给将不断减少，造成灌区地下水位持续下降，为维持适宜的地下水位，保障灌区绿洲生态的稳定，需要保障一定地下水位调控水量。

2019 年中卫市冬灌生态补水量 1.33 亿 m³，约占农业灌溉用水量的 11％。为充分保障灌区冬灌生态补水，按照《宁夏水安全保障规划（2020—2035 年）》及《宁夏生态保护和高质量发展先行区水资源配置规划》（送审稿）等相关成果，结合各县区引、扬黄灌溉面积，规划水平年冬灌生态补水量按农业灌溉用水量 11％考虑，则 2025 年、2035 年中卫市冬灌生态补水量分别为 13572 万 m³、11542 万 m³。

综上所述，规划水平 2025 年中卫市生态环境需水量 22236 万 m³，2035 年生态环境需水量 20207 万 m³。中卫市规划水平年生态环境需水量见表 5.15。

表 5.15　　　　　　　中卫市规划水平年生态环境需水量预测　　　　单位：万 m³

分　区		2025 年				2035 年			
		湖泊生态补水	防护林需水	冬灌生态补水	合计	湖泊生态补水	防护林需水	冬灌生态补水	合计
水资源分区	引黄灌区	3608	2380	6880	12868	3608	2380	5921	11909
	黄左	1032	0	1120	2152	1032	0	960	1992
	黄右	0	0	1735	1735	0	0	1486	1486
	甘塘内陆区	0	0	0	0	0	0	0	0
	清水河	0	1645	3837	5482	0	1645	3175	4820
行政分区	沙坡头区	3440	1510	5640	10590	3440	1510	4831	9781
	中宁县	1200	870	7009	9079	1200	870	6035	8105
	海原县	0	1645	923	2567	0	1645	676	2321
合　计		4640	4025	13572	22236	4640	4025	11542	20207

5.3.5　总需水分析

规划水平年按照中卫市建立黄河流域生态保护和高质量发展先行市的要求，在充分考虑水资源刚性约束、灌区生态健康稳定、城乡供水安全的基础上，坚持以水定城、以水定地、以水定人、以水定产，从供给端强化输配水效率，从需求端通过强化用水效率、优化用水结构，推动全市用水节约集约利用，从而保障区域经济社会高质量发展

结合前述各行业需水量预测分析，2019 年中卫市各行业总需水量为 147280 万 m³，预测 2025 年、2035 年全市总需水量分别为 155069 万 m³、152735 万 m³。规划水平年需水量主要增加在生活、工业和生态环境等用水部门，农业随着灌区现代化建设和作物种植结构优化调整，需水量大幅降低；其中生活用水所占比例由 2019 年的 2.3％增加到 2035 年的 7.7％，工业用水所占比重由 2019 年的 3.4％增加到 2035 年的 8.8％，生态用水比例由 12.2％增加到 13.2％；农业用水比重大幅降低，由 2019 年的 82.0％降低到 2035 年的 70.3％。中卫市规划水平年总需水量预测见表 5.16。

表 5.16　中卫市规划水平年总需水量预测

单位：万 m³

分区			水平年	生活					工业	农业	生态				合计
				城镇综合生活	农村生活	畜牧业	城镇绿化环境	小计			湖泊生态	生态防护林	冬灌生态补水	小计	
水资源分区	引黄灌区		2019	1380	126	110	239	1855	4170	42941	3329	0	4824	8153	57118
			2025	2905	223	741	252	4121	6655	54711	3608	2380	6880	12868	78355
			2035	3832	156	1080	337	5406	10398	51151	3608	2380	5921	11909	78864
		黄左	2019	31	45	39	5	120	116	12397	1371	0	1394	2765	15399
			2025	98	118	58	6	280	187	9333	1032	0	1120	2152	11953
			2035	169	134	58	14	374	319	8723	1032	0	960	1992	11408
		黄右	2019	119	128	111	21	379	306	19431	0	0	2183	2183	22299
			2025	304	322	172	30	828	484	14455	0	0	1735	1735	17502
			2035	489	368	170	44	1071	695	13513	0	0	1486	1486	16766
		甘塘内陆区	2019	0	0	0	0	0	0	0	0	0	0	0	0
			2025	0	0	0	0	0	0	0	0	0	0	0	0
			2035	0	0	0	0	0	0	0	0	0	0	0	0
	清水河		2019	321	380	330	56	1086	477	45990	0	0	4910	4910	52464
			2025	1444	986	921	86	3437	872	37469	0	1645	3837	5482	47259
			2035	2470	1087	1197	148	4902	1988	33988	0	1645	3175	4820	45697
行政分区	沙坡头区		2019	989	220	190	171	1570	2550	49109	4570	0	5526	10096	63325
			2025	2045	486	619	207	3358	4037	46998	3440	1510	5640	10590	64982
			2035	2819	477	829	258	4383	5794	43916	3440	1510	4831	9781	63873
	中宁县		2019	614	214	186	106	1120	2320	59301	130	0	6645	6775	69516
			2025	1510	521	902	97	3030	3738	55791	1200	870	7009	9079	71638
			2035	2106	577	1190	174	4046	6385	52192	1200	870	6035	8105	70728
	海原县		2019	247	246	214	43	750	199	12351	0	0	1140	1140	14439
			2025	1197	641	372	69	2279	423	13180	0	1645	923	2567	18449
			2035	2035	692	487	111	3324	1221	11267	0	1645	676	2321	18133
合　计			2019	1850	680	590	320	3440	5069	120760	4700	0	13311	18011	147280
			2025	4752	1648	1892	374	8666	8199	115968	4640	4025	13572	22236	155069
			2035	6960	1745	2505	543	11754	13400	107375	4640	4025	11542	20206	152735

5.4　宁夏中卫市（干旱区）供水分析

5.4.1　供水分析边界条件

（1）供水量预测遵循生态环境保护、水资源高效利用及有序开发利用的原则。综合分析规划供水设施实施情况、供水能力、用水行业分布及相互联系，结合水资源合理需求，进行可供水量预测。

（2）供水量预测遵循用水总量控制的原则。根据《自治区水利厅关于审定宁夏以水定需管控实施方案的请示》（宁水法资发〔2020〕37 号），中卫市用水总量控制指标 2025 年为 145400 万 m^3，2035 年维持 2025 年的规模，见表 5.17。

表 5.17　　　　　　　　中卫市 2025 年取水总量控制指标　　　　单位：万 m^3

行政分区	当地地表水	黄河水	地下水供水量	非常规水利用	小计
沙坡头区	0	55900	4800	600	61300
中宁县	300	63200	3300	200	67000
海原县	400	12700	3700	300	17100
合　计	700	131800	11800	1100	145400

（3）黄河干支流供水量预测应依据黄河分水指标。根据黄河"八七分水"方案，宁夏多年平均分配黄河水耗水指标为 40 亿 m^3，分水指标根据黄河花园口断面天然径流量，采取"丰增枯减"的原则进行同比例缩放。

5.4.2　可供水量分析

1. 当地地表水

依据 2019 年中卫市水利统计报表，中卫市现有水库工程 58 座，总库容为 9.59 亿 m^3，现状工程供水能力为 12600 万 m^3，实际供水量为 240 万 m^3。根据相关规划，拟在海原县新建米湾水库，新增供水能力为 750 万 m^3，规划年全市当地地表水供水能力为 12700 万 m^3。按照供水量预测的原则，充分考虑中卫市河流水系和现状及规划供水工程的供水能力等，预测 2019 年、2025 年和 2035 年当地地表水供水量分别为 240 万 m^3、700 万 m^3 和 700 万 m^3。

2. 黄河干流水

依据中卫市水利统计综合年报、水资源公报等有关数据统计，中卫市现有北干渠、南干渠、跃进渠、七星渠、固海扬水工程、南山台子扬水工程等各类型引黄、扬黄取水水源工程 6 处，供水能力为 14.69 亿 m³，现状供水量为 13.15 亿 m³。现有工程取水量主要受取水总量指标约束，规划年黄河水可供水量考虑取水总量控制指标，预测 2019 年、2025 和 2035 年黄河水供水量分别为 131540 万 m³、131800 万 m³、131800 万 m³。

3. 地下水

中卫市多年平均地下水资源量 4.89 亿 m³，可开采量为 1.97 亿 m³。近年来，中卫市的地下水实际开采量由 2014 年的 6900 万 m³ 增加至 2019 年的 8200 万 m³，为中卫市第二大水源，占全市供水量的 5.8%。依据 2019 年中卫市水利统计综合年报、宁夏水资源公报等有关数据统计，全区现有各类地下水机电井 49189 眼，供水能力为 8800 万 m³，现状年供水量 8200 万 m³。

规划在北部引黄灌区地下水开采条件和水质状况均较好地区，适当增大开采量。清水河流域城乡供水工程等一批水源工程建成投运后，可新增地下水供水能力 3800 万 m³。结合用水总量控制，2025 和 2035 年地下水供水量均控制在 11800 万 m³。

4. 再生水

目前，中卫市城镇和工业园区已建成污水处理厂 10 座，废污水日处理能力 16.7 万 t，再生水利用工程 4 处，回用能力为 7 万 t/d，现状再生水利用量为 420 万 m³。

规划水平年中卫市通过新建中卫市第三污水处理厂、改扩建中宁县第三污水处理厂，配套建设中宁县第三污水处理厂中水回用工程等措施，实现废污水处理厂覆盖主要城镇和所有的工业园区，到 2025 年，实现废污水收集率达到 85%，2035 年达到 95%；2025 年污水处理回用率达到 50%，2035 年达到 60%。

根据城镇绿化、工业项目类型对再生水的水质适应性等，落实再生水利用数量和用途，预测 2019 年、2025 年、2035 年，中卫市再生水供水量分别为 420 万 m³、1800 万 m³、3400 万 m³。

5. 可供水量

规划水平年中卫市将通过加大水源工程和供水网络建设，形成以当地地表水、黄河水、地下水和再生水水源等多水源联合供水的配置格局。2019 年中卫市可供水量为 140360 万 m³，规划年各水源可供水量均有所增加，预测 2025 年中卫市可供水量为 146130 万 m³，2035 年可供水量达到 147788 万 m³，见表 5.18。

表 5.18　中卫市多年平均可供水量分析结果

单位：万 m³

分区		2019 年					2025 年					2035 年				
		当地地表水	黄河水	地下水	再生水	小计	当地地表水	黄河水	地下水	再生水	小计	当地地表水	黄河水	地下水	再生水	小计
水资源分区	引黄灌区	0	50735	4075	420	55230	0	68204	2042	1426	71672	0	69698	1914	2548	74160
	黄左	0	14507	361	0	14868	0	10324	1443	0	11767	0	10021	1714	0	11735
	黄右	30	20768	651	0	21448	0	15191	2359	121	17671	0	14780	2475	227	17482
	甘塘内陆区	0	0	0	0	0	0	0	0	0	0	0	0	0	0	0
	清水河	210	45530	3074	0	48814	700	38081	5956	284	45020	700	37302	5697	714	44412
行政分区	沙坡头区	30	58070	2880	270	61250	0	55900	4800	937	61637	0	55900	4800	1648	62348
	中宁县	0	63770	2850	150	66770	300	63200	3300	610	67410	300	63200	3300	1126	67926
	海原县	210	9700	2430	0	12340	400	12700	3700	714	17514	400	12700	3700	714	17514
合计		240	131540	8160	420	140360	700	131800	11800	1831	146130	700	131800	11800	3488	147788

134

第 6 章

多水源联合调配模式研究

6.1 多水源联合调配模型组成及框架

6.1.1 多水源联合调配策略

多水源联合调配是一个非常复杂的系统工程,水源合理调配可提高供水效率、有效缓解水资源供需矛盾[75]。考虑多种常规水源地表水、浅层地下水、当地水、过境水、外调水,以及合理利用再生水、矿井水、微咸水、雨水等其他水资源,用水需求包括城镇生活、农村生活、农业、一般工业、能源化工工业、建筑业和第三产业以及生态环境等 7 项用水[76]。根据规划水平年各种可能水源的特征和各项需水性质,提出多水源联合调配关系网络图,如图 6.1 所示。

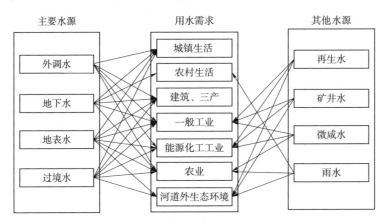

图 6.1 区域/流域多水源联合调配关系网络图

在多水源调配网络图的基础上,提出一套不同水源的运行规则指导水资源调配,这些规则构成了多水源调配的策略。

1. 地表水运用规则

（1）没有调节水库的提水和引水工程的可供水量要优先利用。有调节水库的提水和引水工程，应优先利用水库来水进行供水。如果引、提工程的区间来水量和水库来水量不够用时，就动用水库的可用蓄水量。当水库的蓄水位达到当前时段允许的下限水位时，就不能再增加水库供水。

（2）一个蓄水、引水、提水工程能够同时向多个用水对象供水的情况，如果有规定的分水比例，便优先按照规定的比例供水；如果事先没有规定分水比例，依照配置准则分配。

2. 地下水运用规则

（1）将地下水的总补给量分为不受人类活动影响的天然补给量和受人类活动影响的工程补给量，前者不考虑工程方案和配置运用方式的影响，后者必须要考虑工程方案和配置运用方式的影响。

（2）根据水循环模拟结果，将地下水供水量分为三部分：①最小供水量（以潜水以上的地下水量按照最小供水量对待）；②最小供水量与可供水量之间的机动供水量；③允许的超采量。地下水利用的优先次序：最小供水量、机动供水量、超采量。

（3）地下水最小供水量要优先于当地地表径流量和水库需水量利用。

（4）机动供水量与地表水供水进行联合调节运用。

（5）地下水超采量只有当缺水达到一定深度，地表水供水难以保障时，才允许动用。超采的地下水量，在其后时段要通过减少地下水开采量等方式予以回补。

（6）当前时段的补给量按照上一时段的补给条件计算，并滞后到下一时段才能算作地下水量供开采使用。

3. 非常规水源运用规则

可利用的非常规水源一般包括：再生水、矿井水、微咸水、雨水等。规划水平年应优先利用非常规水源，作为工业发展的水源，非常规水源利用中宜根据各地区的非常规水资源分布情况，将再生水、矿井水和微咸水利用优先利用，既可增加经济发展的可供水量又可缓解环境压力。

6.1.2　模型目标函数

从区域/流域水资源利用涉及的水资源高效利用、生态环境保护和经济社会持续发展等多目标出发，建立多目标协调模型为[76-77]

$$\max f(x) = f(S(x), E(x), B(x)) \tag{6.1}$$

式中：$f(x)$ 为流域水资源决策的总目标，是社会目标 $S(x)$、生态环境目标 $E(x)$、经济目标 $B(x)$ 的耦合复合函数。

（1）社会目标 $S(x)$。采用综合缺水最小作为社会目标，其表达式为

$$\min f = \sum_{i=1}^{n} \left[\omega_i \left(\frac{W_d^i - W_s^i}{W_d^i} \right)^\alpha \right] \tag{6.2}$$

式中：ω_i 为 i 子区域对目标的贡献权重，以其经济发展目标、人口、经济规模、环境状况为准则，由层次分析法确定；n 为所有调水区和受水区的地区数量；W_d^i、W_s^i 分别为 i 区域需水量和供水量；α（$0 < \alpha \leqslant 2$，在此取 1.5）为幂指数，体现水资源分配原则：α 越大则各分区缺水程度越接近，水资源分配越公平；反之则水资源分配越高效。

（2）生态环境目标 $E(x)$。选择生态环境需水量满足程度最高作为生态环境目标，其表达式为[76-77]

$$\max ES = \sum_{i=1}^{N} \sum_{j=1}^{T} \Phi_i \prod_{m=1}^{12} \left[\frac{Se(i)}{De(i)} \right]^{\lambda(t)} \tag{6.3}$$

式中：ES 为研究系列生态环境需水量满足程度；$Se(i)$ 为 i 区域生态环境水量；$De(i)$ 为 i 区域适宜的生态环境需水量；N 为统计生态环境需水量的区域总数；Φ_i 为区域 i 的生态环境权重指数；$\sum_{i=1}^{N} \Phi_i = 1$；$\lambda(t)$ 为第 t 时段区域生态环境缺水敏感指数。

（3）经济目标 $B(x)$。选用国内生产总值最大作为经济目标，其表达式为[76-77]

$$\max \left\{ TGDP = \sum_{i=1}^{m} \sum_{j=1}^{n} GDP(i,j) \right\} \tag{6.4}$$

式中：$GDP(i,j)$ 为流域国内生产总值；j 为分区，$j = 1, 2, \cdots, n$，i 为经济部门，$i = 1, 2, \cdots, m$。

6.1.3 模型约束条件

（1）水量平衡约束。

1）节点水量平衡。

$$W_{sy} + W_{qj} = W_{xy} + W_u + W_s \tag{6.5}$$

式中：W_{sy} 为上游来水，m^3；W_{qj} 为区间入流，m^3；W_{xy} 为下游下泄，m^3；W_u 为用水量，m^3；W_s 为损失水量，m^3。

2）水库水量平衡。

$$VR(m+1,i) = VR(m,i) + VRC(m,i) - VRX(m,i) - VL(m,i) \tag{6.6}$$

式中：$VR(m+1,i)$ 为第 m 时段第 i 个水库末库容，m^3；$VR(m,i)$ 为第 m 时段第 i 个水库初库容，m^3；$VRC(m,i)$ 为第 m 时段第 i 个水库的存蓄水变化量，m^3；$VRX(m,i)$ 为第 m 时段第 i 个水库的下泄水量，m^3；$VL(m,i)$ 为第

m 时段第 i 个水库的水量损失，m^3。

3）河道回归水量平衡。

$$QRe(m,t) = \sum_{i=1}^{n} [QRel(i,t) + QRea(i,t) + QRei(i,t)] \tag{6.7}$$

式中：$QRe(m,t)$ 为第 t 时段河道上下断面区间的回归水汇入量，m^3；$QRel(i,t)$ 为第 m 时段河道上下断面区间生活退水量，m^3；$QRea(i,t)$ 为第 m 时段河道上下断面区间灌溉退水量，m^3；$QRei(i,t)$ 为第 m 时段河道上下断面区间工业退水量，m^3。

（2）水库库容约束。

$$V_{\min}(m,t) \leqslant V(m,t) \leqslant V_{\max}(m,t) \tag{6.8}$$

式中：$V_{\min}(m,t)$ 为死库容，m^3；$V_{\max}(m,t)$ 为当月最大库容，m^3。

（3）水资源开发利用与保护约束。

1）流域耗水总量小于可利用的水资源量。

$$\sum_{t=1}^{12} Qcon(n,t) \leqslant QY(n) \tag{6.9}$$

式中：$Qcon(n,t)$ 为流域每一个时段可消耗水资源量，m^3；$QY(n)$ 为流域可消耗的水资源量（水资源可利用量），m^3。

2）地下水使用量约束。

$$GW(n,t) \leqslant GP_{\max}(n) \tag{6.10}$$

$$\sum_{t=1}^{12} GW(n,t) \leqslant GW_{\max}(n) \tag{6.11}$$

式中：$GW(n,t)$ 为第 t 时段第 n 计算单元的地下水开采量，m^3；$GP_{\max}(n)$ 为第 n 计算单元的年允许地下水开采量上限，m^3；$GW_{\max}(n)$ 为第 n 计算单元的时段地下水开采能力，m^3。

3）最小生态需水约束。

$$QE_{\min}(i,t) \leqslant QE(i,t) \tag{6.12}$$

式中：$QE(i,t)$ 和 $QE_{\min}(i,t)$ 分别为第 i 条河道实际流量和最小生态需求流量，m^3。

（4）变量非负约束等。模型采用 NSGA-II 优化算法进行计算[78]。

6.1.4　模型实现功能及计算条件

建立模拟模型的目的就是要用计算机算法来表示原型系统的物理功能和它的经济效果，模拟系统具备了以下功能[76,79]：

（1）系统概化与描述。流域水资源系统通过节点和连线构成的节点图来描述，考虑到四川阿坝州黄河流域和中卫市地域辽阔，而且各地区之间自然差异大，蓄、引、提工程设施数量多，在对流域进行概化时，应根据需要与可能，充分反映实际系统的主要特征及组成部分间的相互关系，包括水系与区域经济单元的划分、大型水利工程等。但根据研究精度要求，可对系统作某些简化，如可将支流中、小型水库及一些小型灌区概化处理等。

（2）供需平衡分析。供需分析是水资源规划的重要内容，其结果也是决策者和规划人员非常关注的问题，要求在供需计算中采用引水进行平衡计算，同时能方便地对分区及全流域进行水资源供需分析。

（3）流域水工程运行模拟。水库调节与库群补偿调节是充分利用水资源、提高其综合利用效益的主要措施，水库群补偿调节的核心问题是妥善处理蓄水与供水的关系及蓄放水次序，要求模型能方便的适应水库运行规则的变化，使得对水库运行规则的模拟具有较大的灵活性[80-81]。

（4）合理开发利用水资源。按照水资源开发利用和保护的要求，对流域多水源进行联合运用，合理开发其他水资源；为此模型计算时考虑地表水与地下水联合运用，根据不同地区实际情况，采用地下水可开采量直接扣除和考虑地下水允许埋深的水均衡法[82]。

（5）多目标模拟。水利工程运用以及水资源配置反映流域防洪、防凌、输沙、生态环境保护与经济发展等需求，对水资源配置策略进行模拟评价或进行政策试验是模型的主要功能之一，在模型研究中占有重要地位[83]。

同时，模型水量计算需要设定如下假设条件[84-85]：①对防凌等的处理，通过水库汛限水位及河道控制流量对防凌控制给予考虑；②计算时段为月；③不考虑河道径流传播时间；④不考虑河道槽蓄影响；⑤不考虑河道内水量及含沙量对可引水量的影响。

6.1.5 模型模拟流程

模型模拟分析的主要步骤如下：

（1）对系统中的各个因素和它们之间的关系进行描述，绘制流域节点图。

（2）明确模型运行的各项政策：①建立作物单产-水反映函数；②计算各类用户的需水要求；③将水库库容划分若干个蓄水层，赋予相应的优先序，并将水库供水范围内各种需水的优先序组合在一起，制定水库运行规则；④确定每个节点上的生活及工业需水、农业需水、水库蓄水等项的供水优先序；⑤采用水利经济计算规程中建议的方法，对农业、工业及生活、发电等不同用水部门进行经济效益计算方法。

（3）将模型所需的各类数据整理成节点文件。

（4）根据流域情况、生产需求、政策变化及优化模型的输出成果调整运行政策或拟定运行方案。

模型模拟结构流程如图 6.2 所示。

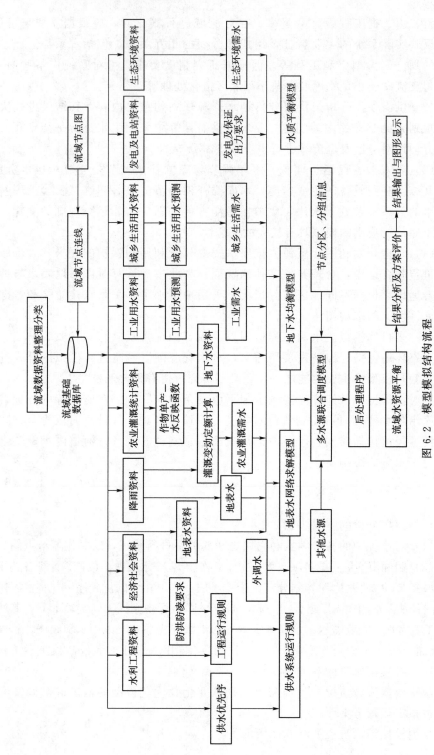

图 6.2 模型模拟结构流程

6.2 四川阿坝州黄河流域（湿润区）多水源联合调配模式

6.2.1 多水源联合调配方案

（1）2025 年多水源联合调配方案。2025 年水平，阿坝州黄河流域配置供水量为 3755 万 m^3，其中地表水供水量为 3381 万 m^3，占总配置供水量的 90.0%；地下水供水量为 351 万 m^3，占总配置供水量的 9.4%；中水供水量为 23 万 m^3，占总配置供水量的 0.6%。阿坝州黄河流域配置生活用水量为 560 万 m^3，占总用水量的 14.9%；配置工业生产用水量为 269 万 m^3，占总用水量的 7.2%；配置建筑业及三产用水量为 211 万 m^3，占总用水量的 5.6%；配置农业生产用水量为 2645 万 m^3，占总用水量的 70.4%（其中牲畜用水量为 1493 万 m^3，占总用水量的 39.8%）；配置生态用水量为 70 万 m^3，占总用水量的 1.9%。阿坝州黄河流域 2025 年多水源联合调配方案见表 6.1。

（2）2035 年多水源联合调配方案。2035 年水平，阿坝州黄河流域配置供水量为 5217 万 m^3，其中地表水供水量为 4843 万 m^3，占总配置供水量的 92.8%；地下水供水量为 344 万 m^3，占总配置供水量的 6.6%；中水供水量为 30 万 m^3，占总配置供水量的 0.6%。阿坝州黄河流域配置生活用水量为 637 万 m^3，占总用水量的 12.2%；配置工业生产用水量为 387 万 m^3，占总用水量的 7.4%；配置建筑业及三产用水量为 333 万 m^3，占总用水量的 6.4%；配置农业生产用水量为 3765 万 m^3，占总用水量的 72.2%（其中牲畜用水量为 1571 万 m^3，占总用水量的 30.7%）；配置生态用水量为 94 万 m^3，占总用水量的 1.8%。阿坝州黄河流域 2035 年多水源联合调配方案见表 6.2。

6.2.2 湿润区多水源联合调配适应性保障措施

（1）加快阿木卡水库等水资源配置工程前期工作和建设力度，增加供水能力。规划在红原县白河支流阿木曲建设阿木卡水库工程，水库总库容约 2000 万 m^3，开发任务以灌溉供水为主，兼顾发电、防洪、改善河道生态环境等综合利用；配套建设阿木乡、瓦切镇、麦洼乡、色地镇高标准饲草料基地 4.5 万亩。规划在红原县建设达格则水库水源地，水库总库容约 100 万 m^3，开发任务城乡供水，供水对象为龙日镇、江茸乡和红原机场生活用水。规划在分别在阿坝县求吉玛乡、贾曲镇建设高标准饲草料基地 2.0 万亩，在若尔盖县唐克镇、辖曼镇、嫩哇乡、麦溪乡、红星镇建设白河、黑河引水灌溉工程，发展高标准饲草料基地 5.6 万亩。

表 6.1　阿坝州黄河流域 2025 年多水源联合调配方案

单位：万 m³

水资源分区	行政区划	配置供水量				配置用水量										
						生活			工业	建筑业及三产	农业				生态	合计
		地表水	地下水	中水	合计	城镇	农村	小计			农田	牧草	牲畜	小计		
黄河干流及诸小支流	阿坝县	185	22	0	208	20	25	45	4	3	70	3	81	154	2	208
	若尔盖县	188	24	0	213	3	18	21	16	18	42	28	86	156	1	213
	合计	374	46	0	420	23	43	66	20	21	112	31	167	310	3	420
贾曲	阿坝县	571	45	0	616	41	51	92	7	6	132	180	194	506	5	616
白河	红原县	1023	89	17	1129	120	28	148	194	48	9	297	394	701	39	1129
	阿坝县	44	10	0	54	0	9	9	0	0	1	1	43	45	0	54
	若尔盖县	125	3	0	128	8	2	11	0	44	34	4	35	72	2	128
	合计	1192	102	17	1312	129	39	168	194	91	44	302	472	819	40	1312
黑河	红原县	287	63	0	350	8	46	54	0	19	2	69	203	275	2	350
	松潘县	0	0	0	0	0	0	0	0	0	0	0	0	0	0	0
	若尔盖县	957	94	6	1057	91	88	179	48	75	6	273	456	735	20	1057
	合计	1244	157	6	1407	99	134	233	48	93	8	342	659	1010	22	1407
县级行政分区	阿坝县	800	78	0	878	61	85	146	11	9	203	184	318	705	7	878
	红原县	1310	152	17	1479	128	74	203	194	66	12	366	598	976	41	1479
	松潘县	0	0	0	0	0	0	0	0	0	0	0	0	0	0	0
	若尔盖县	1271	122	6	1398	103	109	211	65	136	82	305	577	964	22	1398
总计	计	3381	351	23	3755	291	268	560	269	211	297	855	1493	2645	70	3755

表 6.2　阿坝州黄河流域 2035 年多水源联合调配方案

单位：万 m³

水资源分区	行政区划	配置供水量				配置用水量										
		地表水	地下水	中水	合计	生活			工业	建筑业及三产	农业				生态	合计
						城镇	农村	小计			农田	牧草	牲畜	小计		
黄河干流及诸小支流	阿坝县	350	22	0	372	27	25	52	4	4	63	157	87	308	4	372
	若尔盖县	224	24	0	248	4	19	23	19	29	38	50	87	176	1	248
	合计	574	46	0	620	32	44	75	23	34	102	207	174	483	5	620
贾曲	阿坝县	577	45	0	623	56	51	107	8	9	120	163	208	492	7	623
白河	红原县	1647	82	21	1750	149	21	170	295	66	9	740	423	1172	47	1750
	阿坝县	48	10	0	58	0	10	10	0	0	1	1	46	48	0	58
	若尔盖县	178	3	0	181	10	2	12	0	75	31	24	37	92	2	181
	合计	1873	96	21	1989	159	33	192	295	141	40	765	506	1311	50	1989
黑河	红原县	313	63	0	375	11	47	58	0	30	2	63	219	283	3	375
	松潘县	0	0	0	0	0	0	0	0	0	0	0	0	0	0	0
	若尔盖县	1506	94	9	1609	130	75	205	61	118	5	726	464	1196	29	1609
	合计	1819	157	9	1984	141	122	263	61	149	7	789	683	1479	32	1984
县级行政分区	阿坝县	975	78	0	1052	83	86	169	12	13	185	322	341	847	11	1052
	红原县	1960	145	21	2125	160	69	229	295	97	10	803	642	1455	50	2125
	松潘县	0	0	0	0	0	0	0	0	0	0	0	0	0	0	0
	若尔盖县	1909	122	9	2039	145	95	240	80	223	74	800	588	1463	32	2039
总 计		4843	344	30	5217	387	250	637	387	333	270	1925	1571	3765	94	5217

加快若尔盖县辖曼镇、阿坝县贾洛镇和贾柯牧场、阿坝县求吉玛乡、红原县等乡镇集中供水工程建设，建设内容主要是取水口、泵站、主管道、高位水池、过滤池等，解决乡镇人畜集中供水问题。

（2）严格实施最严格的水资源管理制度，保障配置方案落到实处。以水资源配置方案为基本依据，以总量控制为核心，建立严格的取水管理制度，加强地表取水口、地下取水口及主要退水口的监测，保障配置方案落到实处。

在规划方案的基础上，制订取水总量分配方案；在取水总量控制指标基础上，严格水资源论证和取水许可制度；以行业用水定额标准为准则，以提高用水效率为核心，明确用水定额红线，推进节水型社会建设。

（3）实施严格的水源保护措施，保障水源安全。对重要饮用水源地实行重点保护，建立健全饮用水水源监测系统，加强水质监测力度，保障饮用水安全，确保饮用水源水质达标率 100％。

6.3　宁夏中卫市（干旱区）多水源联合调配模式

6.3.1　多水源联合调配方案

（1）2025 年多水源联合调配方案。2025 年配置水量为 146127 万 m^3，其中当地地表水为 700 万 m^3，占 0.5％；黄河水为 131800 万 m^3，占 90.2％；地下水为 11800 万 m^3，占 8.1％；非常规水利用 1828 万 m^3，占 1.3％。2025 年中卫市多水源联合调配方案见表 6.3。

从配置结果看，2025 年在基本保证河流生态环境用水的前提下，与基准年相比当地地表水供水量有所增加；随着清水河流域城乡供水工程、沙坡头区河北地区供水工程等一批水源工程的投入运行，地下水供水量也有所增加；非常规水利用量大幅度增加；受到取水指标的制约，黄河水供水量与现状年基本持平。形成以黄河水和地下水为主，当地地表水和非常规水等多种水源联合供水的格局，提高水资源保障能力和系统应急能力。

2025 年以区域水资源时空分布为基础，以产业布局优化、规模调整为手段，通过工程措施提高供水能力和供水保障程度，提出的多水源联合调配方案可基本满足经济发展对水资源的需求。

（2）2035 年多水源联合调配方案。2035 年通过进一步加大非常规水利用措施，提高中卫市供水能力和供水保障程度。

2035 年配置水量为 147782 万 m^3，其中当地地表水为 700 万 m^3，占 0.5％；黄河水为 131800 万 m^3，占 89.2％；地下水为 11800 万 m^3，占 8.0％；非常规水利用为 3482 万 m^3，占 2.4％。2035 年中卫市多水源联合调配方案见表

6.4。从配置结果看，和 2025 年相比，2035 年中卫市非常规水供水量进一步增加，提出的多水源联合调配方案可基本满足远期经济社会发展对水资源的需求。

表 6.3　　　　　　　　　　**2025 年中卫市多水源联合调配方案**　　　　　　单位：万 m³

分　区		供　水　量					用　水　量				
		当地地表水	黄河水	地下水	非常规水	合计	生活	工业	农业	生态环境	合计
水资源分区	引黄灌区	0	70474	2042	1426	73942	4121	6655	50298	12868	73942
	黄左	0	9954	1443	0	11397	280	187	8778	2152	11397
	黄右	0	13941	2359	118	16418	828	484	13371	1735	16418
	甘塘内陆区	0	0	0	0	0	0	0	0	0	0
	清水河	700	37431	5956	284	44370	3437	872	34580	5482	44370
行政分区	沙坡头区	0	55900	4800	934	61634	3358	4037	43649	10590	61634
	中宁县	300	63200	3300	610	67410	3030	3738	51563	9079	67410
	海原县	400	12700	3700	284	17084	2279	423	11814	2567	17084
合　计		700	131800	11800	1828	146127	8666	8199	107027	22236	146127

表 6.4　　　　　　　　　　**2035 年中卫市多水源联合调配方案**　　　　　　单位：万 m³

分　区		供　水　量					用　水　量				
		当地地表水	黄河水	地下水	非常规水	合计	生活	工业	农业	生态环境	合计
水资源分区	引黄灌区	0	72218	1914	2548	76680	5406	10398	48967	11909	76680
	黄左	0	9531	1714	0	11245	374	319	8560	1992	11245
	黄右	0	13480	2475	220	16175	1071	695	12922	1486	16175
	甘塘内陆区	0	0	0	0	0	0	0	0	0	0
	清水河	700	36572	5697	714	43682	4902	1988	31973	4820	43682
行政分区	沙坡头区	0	55900	4800	1642	62342	4383	5794	42384	9781	62342
	中宁县	300	63200	3300	1126	67926	4046	6385	49389	8105	67926
	海原县	400	12700	3700	714	17514	3324	1221	10648	2321	17514
合　计		700	131800	11800	3482	147782	11754	13400	102422	20206	147782

6.3.2　特殊干旱年份的应急水源保障

特殊干旱年份，中卫市的黄河水可供水量比正常年份大幅减少。水资源应急调配的对策主要包括：压缩需求，挖掘供水潜力，增强水资源应急调配能力和制定应急预案等。

（1）实施非充分灌溉、减少农业灌溉水量。为保证居民生活和重要行业部门正常合理的用水需求，在发生特殊干旱等极端事件时，农业通过采取非充分灌溉措施，减少对地表水的需求量。

（2）利用应急水源、挖掘供水潜力。建设一批应急水源工程，按照轻重缓急，以提高严重受旱、主要受旱区综合抗旱能力为重点，因地制宜建设各种类型的抗旱应急备用水源工程。

加强现有水利工程及输配水设施的养护和管理，在确保防洪安全、水资源高效利用的前提下，各类水源工程在正常年份尽量多拦、多蓄水量，合理储备水源。在丰水年和正常年份，合理利用地表水，有效涵养地下水，使地下水储量逐步得以恢复；在特殊干旱年份，地表水量供给不足时，可启动地下水应急备用水源，以应对干旱。

（3）建设分区水资源网络，增强水资源应急调配能力。推进城镇及重要工业园区双水源和多水源建设，积极安排与建设应急储备水源。形成地表水、地下水与再生水等非常规水源的"多源互补"，加强地下水合理开采和有效保护，加强水源地之间和供水系统之间的联合调配；形成供应保障、结构合理、稳定可靠、配置高效、覆盖城乡的多水源区域供水保障体系。提高各区域特别是城镇和工业园区用水保证率，为特殊干旱年份提供稳定水源。

（4）充分利用非工程措施。建设旱情监测系统，完善各类旱情信息监测站点和传输网络，提出旱情监测总体布局方案，保证全面、及时、准确掌握旱情信息。制定特殊干旱年份紧急情况下中卫市水资源管理和调度应急预案，提出方案的实施细则。进一步完善旱情紧急情况下的各级行政首长负责制。强化水法规的宣传执行力度，有效保护抗旱工程设施。

6.3.3　干旱区多水源联合调配适应性保障措施

（1）以配置方案为指导，全面推进水源工程建设。在充分发挥现有工程效益和供水能力的基础上，按照规划配置方案提出的相应新水源工程项目，加快资金筹措和工程建设，实施多样化的水源建设工程，提高区域水资源配置能力和调控水平，缓解水资源供需压力。

1）新增一批供水水源工程。目前已在建的工程有清水河流域城乡供水工程、沙坡头区河北地区供水工程，工程建成投运后可增加当地地下水和黄河水的供水能力，可有效缓解清河水流域以及沙坡头河北片区的用水紧张局面。规划建设中宁县城市供水（黄河）水源工程、沙坡头区河南片区养殖园区供水工程、沙坡头区镇罗镇现代化养殖园区供水工程、管网联通和改扩建工程等一批水源工程及配套设施建设，加大中卫市供水安全保障能力。

2）加快再生水系统和配套管网建设，提高非常规水源利用规模。规划水平年再生水主要供给市区部分工业、城镇绿化等再生水用户，应加快相应再生水系统和配套管网建设，保障再生水有效利用[86]。

3）逐步推进洪水资源化利用工程。在控制洪水风险、保证防洪安全的前提下，在海原县及贺兰山东麓等部分山洪沟道，对现有病险水库进行除险加固改造，增强洪水调蓄利用能力的同时，新建一定数量的拦洪库坝工程，进一步加大洪水利用，实现水资源丰枯调配和洪水资源化利用[87]。

（2）优化调配水资源。规划水平年充分挖掘各种水源的供水潜力、合理优化调配水资源，有效利用各种非常规水源增加可供水量，形成多水源供水保障体系，支撑城市快速发展。水量有限的优质地下水宜优先作为城市居民生活用水；黄河水则主要用于工业和农业用水，兼顾生活用水及生态环境用水；规划水平年加大污水处理力度，对用水水质要求不高的工业项目要充分利用再生水，提高再生水利用率；加快分质分类供水系统管网规划和建设，通过分质分类供水，实现优水优用。

（3）积极争取外调水源，保障高质量发展可持续。国务院"八七分水"方案已实施了近30年，目前南水北调东中线和小浪底等工程已建成并开始运行发挥效益，山东、河北、河南、天津等受水区已开始利用长江水，近期水利部组织开展黄河"八七分水"方案调整研究工作。中卫市未来生态保护和高质量发展对水资源刚性需求不断增加，应结合"八七分水"方案调整契机，积极争取调增中卫市黄河分水指标[88-89]。同时，借助黄河流域生态保护和高质量发展的大好机遇，积极呼吁国家加快南水北调西线工程前期工作，尽快实施南水北调西线工程向黄河流域补水。

第 7 章

结 论 与 展 望

7.1 主 要 结 论

通过研究，本书得到如下主要结论。

1. 四川阿坝州黄河流域（湿润区）水资源条件

阿坝州黄河流域平均降水量 113.62 亿 m³ （669.00mm）。从水资源分区来看，黑河分区多年平均降水量最大，为 48.92 亿 m³ （641.26mm），占流域总量的 43.06%；其次为白河分区，多年平均降水量为 40.32 亿 m³ （768.11mm），占流域总量的 35.49%；随后为贾曲分区，其多年平均降水量为 13.11 亿 m³ （638.21mm），占流域总量的 11.54%。多年平均降水量最小值出现在黄河干流及诸小支流分区，为 11.27 亿 m³ （555.27mm），占流域总量的 9.92%。

四川阿坝州黄河流域内的若尔盖站 1996—2016 年多年平均蒸发量为 815.32mm，最大值出现在 2006 年的 916.5mm，最小值出现在 1995 年的 755.7mm，极值比为 1.21；春季、夏季、秋季、冬季多年平均蒸发量分别为 237.9mm、285.5mm、173.1mm、118.8mm，由此可知，若尔盖站夏季蒸发量最大，冬季蒸发量最少。

阿坝州黄河流域 1956—2016 年多年平均地表水资源量为 414116.67 万 m³ （244.2mm）；阿坝县、红原县、松潘县、若尔盖县多年平均地表水资源量分别为 88707.59 万 m³、182554.95 万 m³、2178.00 万 m³、140676.14 万 m³，折合径流深分别为 255.2mm、276.5mm、435.6mm、205.9mm。阿坝县、红原县、松潘县、若尔盖县极值比分别为 2.71、4.32、2.38、2.87，占比分别为 21.42%、44.08%、0.53%、33.97%，即红原县地表水资源年际变化幅度较大。

阿坝州黄河流域 1956—2016 年多年平均地下水资源量 104646.03 万 m³，阿坝县、红原县、松潘县、若尔盖县多年平均地下资源量分别为 22498.47 万 m³、46009.48 万 m³、554.36 万 m³、35583.73 万 m³。可以看出，红原县地下水资源量较为丰富。

2. 四川阿坝州黄河流域（湿润区）多水源联合调配模式

考虑地表水、地下水、中水，按照生活用水优先，工业、农业、生态环境用水统筹兼顾的原则，以黄河可供水量分配方案、阿坝州用水总量控制指标为约束，进行水资源供需平衡分析。

未来，按照节水、降耗、治污、减排的要求，提高水资源循环利用的水平和效率；协调好生活、生产和生态环境用水的关系，优先保证城镇生活和农村人畜用水，合理安排工农业和其他行业用水；统一配置地表水、地下水和中水水源等，合理利用地表水，适量开采地下水，充分利用中水。

2025 年，阿坝州黄河流域配置供水量为 3755 万 m^3，其中地表水供水量为 3381 万 m^3，占总配置供水量的 90.0%；地下水供水量为 351 万 m^3，占总配置供水量的 9.39%；中水供水量为 23 万 m^3，占总配置供水量的 0.61%。阿坝州黄河流域配置生活用水量为 560 万 m^3，占总用水量的 14.9%；配置工业生产用水量为 269 万 m^3，占总用水量的 7.2%；配置建筑业及三产用水量为 211 万 m^3，占总用水量的 5.6%；配置农业生产用水量为 2645 万 m^3，占总用水量的 70.4%（其中牲畜用水量为 1493 万 m^3，占总用水量的 39.8%）；配置生态用水量为 70 万 m^3，占总用水量的 1.9%。

2035 年，阿坝州黄河流域配置供水量为 5217 万 m^3，其中地表水供水量为 4843 万 m^3，占总配置供水量的 92.8%；地下水供水量为 344 万 m^3，占总配置供水量的 6.6%；中水供水量为 30 万 m^3，占总配置供水量的 0.6%。阿坝州黄河流域配置生活用水量为 637 万 m^3，占总用水量的 12.2%；配置工业生产用水量为 387 万 m^3，占总用水量的 7.4%；配置建筑业及三产用水量为 333 万 m^3，占总用水量的 6.4%；配置农业生产用水量为 3775 万 m^3，占总用水量的 72.2%（其中牲畜用水量为 1607 万 m^3，占总用水量的 30.7%）；配置生态用水量为 94 万 m^3，占总用水量的 1.8%。

根据供需分析和配置结果，针对阿坝州黄河流域不同时期的水资源问题，提出水资源配置重点对策：①加快阿木卡水库等水资源配置工程前期工作和建设力度，增加供水能力；②协调水资源配置与经济发展布局的关系；③严格实施最严格的水资源管理制度，保障配置方案落到实处；④实施严格的水源保护措施，保障水源安全。

3. 宁夏中卫市（干旱区）水资源条件

中卫市 1956—2016 年多年平均降水量 35.31 亿 m^3，折合平均降水深为 261.0mm；沙坡头区多年平均降水量为 11.17 亿 m^3，折合平均降水深为 209.3mm；中宁县多年平均降水量为 6.75 亿 m^3，折合平均降水深为 211.5mm；海原县多年平均降水量为 17.39 亿 m^3，折合平均降水深为 347.8mm。

中卫市 1956—2016 年多年平均水面蒸发量为 1256.4mm，水面蒸发量最大月份为 5 月，月均水面蒸发量为 177.4mm，占全年水面蒸发量的 14.12%；最小月份为 1 月，月均水面蒸发量为 29.0mm，占全年水面蒸发量的 2.31%。中卫市水面蒸发主要集中在 4—8 月，可占全年水面蒸发量的 65.62%。

中卫市 1956—2016 年多年平均地表水资源量 10945.56 万 m^3。平原区多年平均地下水资源量约为 42620 万 m^3，$M>2g/L$ 的地下水资源量约为 7850 万 m^3；山丘区多年平均地下水资源量约为 6520 万 m^3，其中矿化度 $M\leqslant2g/L$ 的地下水资源量约为 1820 万 m^3；多年平均地下水资源量 48870 万 m^3（$M\leqslant2g/L$ 为 36440 万 m^3），重复计算量为 45985.56 万 m^3。中卫市平原区多年平均地下水可开采量（$M\leqslant2g/L$）为 15600 万 m^3；山丘区多年平均地下水可开采量（$M\leqslant2g/L$）为 990 万 m^3。中卫市 $M>2g/L$ 的地下水可开采量约 3080 万 m^3，中卫市地下水可开采量为 19670 万 m^3。

中卫市 1956—2016 年多年平均水资源总量 13830 万 m^3。水资源分区中，多年平均水资源总量最大的水资源分区是清水河分区；在行政区中，海原县多年平均水资源总量最大。

4. 宁夏中卫市（干旱区）多水源联合调配模式

根据中卫市供水工程情况，考虑当地水、黄河水、地下水及非常规水联合运用，按照生活用水优先，工业、农业、生态环境用水统筹兼顾的原则。以中卫市"三条红线"、宁夏黄河取水许可总量控制指标细化方案（基于黄河"八七分水"方案）、当地水资源禀赋等指标为约束，进行水资源供需平衡分析。

经供需平衡计算，2025 年总需水量为 15.51 亿 m^3，多年平均供水量为 14.61 亿 m^3，多年平均缺水量为 0.89 亿 m^3，缺水率为 5.8%；2035 年需水量为 15.27 亿 m^3，多年平均供水量为 14.78 亿 m^3，多年平均缺水量 0.49 亿 m^3，缺水率为 3.2%。

未来，通过多种水源的联合供给、合理调配，提出以黄河水和地下水为主体，合理有效利用当地地表水，大力促进再生水利用，形成多水源联合调配的总体格局。

2025 年配置水量 14.61 亿 m^3，满足中卫市 2025 年用水总量控制红线要求，其中当地地表水 0.07 亿 m^3，占 0.5%；黄河水 13.18 亿 m^3，占 90.2%；地下水 1.18 亿 m^3，占 8.1%；非常规水利用 0.18 亿 m^3，占 1.2%。2035 年通过进一步加大非常规水利用等措施，提高中卫市供水能力和供水保障程度。2035 年配置水量 14.78 亿 m^3，其中当地地表水 0.07 亿 m^3，占 0.47%；黄河水 13.18 亿 m^3，占 89.18%；地下水 1.18 亿 m^3，占 7.98%；非常规水利用 0.35 亿 m^3，占 2.37%。

　　根据供需分析和配置结果，针对中卫市不同时期的水资源问题，提出水资源配置重点对策：①新增一批供水水源工程，主要包括在建的清水河流域城乡供水工程、沙坡头区河北地区供水工程以及规划建设的中宁县城市供水（黄河）水源工程等，进一步提高中卫市供水安全保障能力；②加快再生水系统和配套管网建设，提高非常规水源利用规模，规划水平年再生水主要供给工业、城镇绿化等用户，应加快相应再生水系统和配套管网建设，保障再生水有效利用。

　　中卫市未来生态保护和高质量发展对水资源刚性需求不断增加，应结合"八七分水"方案调整契机，积极争取调增中卫市黄河分水指标。同时，借助黄河流域生态保护和高质量发展的大好机遇，积极呼吁国家加快南水北调西线工程前期工作，尽快实施南水北调西线工程向黄河流域补水。

7.2 研　究　展　望

　　水资源有着其自身的阈值，并非取之不尽用之不竭，我国多水源联合调配需要面对多系统、多需求、多目标的情势，随着黄河流域生态保护和高质量发展、西部大开发等国家战略的深入推进，如何通过"空间均衡"的水资源调配在水资源开发利用过程中既满足生态环境需水要求，又兼顾社会经济发展需要，这不仅符合生态优先的战略方针，更是社会-经济-生态-环境-水资源多维协调可持续发展的重要基础。实现水资源的"空间均衡"是近年来水资源管理领域中的重大实践问题，是一个综合了运筹学、管理战略、信息技术以及各种专门知识的交叉学科[90-92]。未来，应以黄河流域尺度为基础，建立流域尺度"空间均衡"理论框架，提出水资源"空间均衡"判定标准，形成"空间均衡"的多水源调配技术，突破现有流域水资源配置技术瓶颈，为我国水安全保障格局的构建、水资源对重大国家战略支撑能力的提高予以有力支撑。

参 考 文 献

[1] 习近平. 在黄河流域生态保护和高质量发展座谈会上的讲话 [J]. 求是, 2019 (20): 4 - 11.

[2] 李国英. 在水利部"三对标、一规划"专项行动动员部署会议上的讲话 [J]. 中国水利, 2021 (4): 1 - 2.

[3] 张建云, 王国庆, 金君良, 等. 1956—2018 年中国江河径流演变及其变化特征 [J]. 水科学进展, 2020, 31 (2): 153 - 161.

[4] 夏军, 左其亭. 中国水资源利用与保护 40 年 (1978—2018 年) [J]. 城市与环境研究, 2018 (2): 18 - 32.

[5] 夏军, 彭少明, 王超, 等. 气候变化对黄河水资源的影响及其适应性管理 [J]. 人民黄河, 2014, 36 (10): 1 - 4, 15.

[6] 洪思, 夏军, 陈俊旭, 等. 气候变化下水资源适应性管理的多目标方法应用 (英文) [J]. Journal of Geographical Sciences, 2017, 27 (3): 259 - 274.

[7] 王浩, 钮新强, 杨志峰, 等. 黄河流域水系统治理战略研究 [J]. 中国水利, 2021 (5): 1 - 4.

[8] 刘昌明. 对黄河流域生态保护和高质量发展的几点认识 [J]. 人民黄河, 2019, 41 (10): 158.

[9] 夏军. 黄河流域综合治理与高质量发展的机遇与挑战 [J]. 人民黄河, 2019, 41 (10): 157.

[10] 牛玉国, 张金鹏. 对黄河流域生态保护和高质量发展国家战略的几点思考 [J]. 人民黄河, 2020, 42 (11): 1 - 4, 10.

[11] 张金良. 黄河流域生态保护和高质量发展水战略思考 [J]. 人民黄河, 2020, 42 (4): 1 - 6.

[12] 刘昌明, 王红瑞. 浅析水资源与人口、经济和社会环境的关系 [J]. 自然资源学报, 2003, 18 (5): 635 - 644.

[13] 沈振荣. 水资源科学实验与研究 [M]. 北京: 中国科学技术出版社, 1992.

[14] 李原园, 曹建廷, 沈福新, 等. 1956—2010 年中国可更新水资源量的变化 [J]. 中国科学: 地球科学, 2014, 44 (9): 2030 - 2038.

[15] 后立胜, 许学工. 密西西比河流域治理的措施及启示 [J]. 人民黄河, 2001 (1): 39 - 41, 46.

[16] 王浩, 仇亚琴, 贾仰文. 水资源评价的发展历程和趋势 [J]. 北京师范大学学报 (自然科学版), 2010, 46 (3): 274 - 277.

[17] 刘柱, 孙霞, 李楠. 国内外水资源评价的研究现状 [J]. 科技创新与应用, 2020 (17): 53 - 54.

［18］ 陈琴.《水法》修订实施十周年回顾与展望［J］. 水利发展研究，2012，12（9）:1-6.

［19］ 陈金木，汪贻飞. 我国水法规体系建设现状总结评估［J］. 水利发展研究，2020，20（10）: 64-69.

［20］ 任焕莲. 第三次水资源调查评价点源污染调查分析［J］. 水利技术监督，2019（4）: 1-3, 62.

［21］ YANG Z F, SUN T, CUI B S, et al. Environmental flow requirements for integrated water resources allocation in the Yellow River Basin, China［J］. Communications in Nonlinear Science & Numerical Simulation, 2009, 14（5）: 2469-2481.

［22］ DELLEUR W. Optimal allocation of water resources［J］. International Association of Scientific Hydrology Bulletin, 1982, 27（2）: 193-215.

［23］ HERBERTSON P W, DOVEY W J. The allocation of fresh water resources of a tidal estuary［J］. Proceedings of the Enter Symposium, 1982, 135.

［24］ YEH, W-G W. Reservoir Management and Operations Models: A State-of-the-Art Review［J］. Water Resources Research, 1985, 21（12）: 1797-1818.

［25］ RAY J D, GeORGE W S, DONAID P. Influencing water legislatwe development what to do and what to avoid1［J］. Jawra Journal of the American Water Resources Association, 2007, 31（4）: 583-588.

［26］ WILLIAM W-G Yeh. Optimal Management of Flow in Groundwater Systems［J］. Eos Transactions American Geophysical Union, 2000, 81（28）: 315-315.

［27］ DIVAKAR L, BABEL M S, PERRET S R, et al. Optimal allocation of bulk water supplies to competing use sectors based on economic criterion - An application to the Chao Phraya River Basin, Thailand［J］. Journal of Hydrology（Amsterdam）, 2011, 401（1-2）: 22-35.

［28］ ABOLPOUR B, JAVAN M, KARAMOUZ M. Water allocation improvement in river basin using adaptive neural fuzzy reinforcement learning approach［J］. Applied Soft Computing, 2007, 7（1）: 265-285.

［29］ READ L, MADANI K, INANLOO B. Optimality versus stability in water resource allocation［J］. Journal of Environmental Management, 2014, 133: 343-354.

［30］ ROOZBAHANI R, SCHREIDER S, ABBASI B. Optimal water allocation through a multi-objective compromise between environmental, social, and economic preferences［J］. Environmental Modelling & Software, 2015, 64: 18-30.

［31］ 李雪萍. 国内外水资源配置研究概述［J］. 海河水利，2002（5）: 13-15.

［32］ 陈铁汉. 江西省锦江流域水资源配置方案［J］. 资源开发与保护，1989（3）: 34-35.

［33］ 贺北方. 区域水资源优化分配的大系统优化模型［J］. 武汉水利电力学院学报，1988（5）: 111-120.

［34］ 吴泽宁，丁大发，蒋水心. 跨流域水资源系统自优化模拟规划模型［J］. 系统工程理论与实践，1997，17（2）: 79-84.

［35］ 沈佩君，王博，王有贞，等. 多种水资源的联合优化调度［J］. 水利学报，1994（5）:

1 - 8.

[36] 王浩，秦大庸，郭孟卓，等．干旱区水资源合理配置模式与计算方法［J］．水科学进展，2004（6）：689-694．

[37] 赵斌，董增川，徐德龙．区域水资源合理配置分质供水及模型［J］．人民长江，2004，2（35）：21-31．

[38] 邵东国，贺新春，黄显峰，等．基于净效益最大的水资源优化配置模型与方法［J］．水利学报，2005（9）：36-42．

[39] 王浩，游进军．水资源合理配置研究历程与进展［J］．水利学报，2008（10）：1168-1175．

[40] 李彦刚，刘小学，魏晓妹，等．宝鸡峡灌区地表水与地下水联合调度研究［J］．人民黄河，2009（3）：67-69，71．

[41] 刘年磊，赵林，毛国柱．基于可信性理论的水资源优化配置模型［J］．环境科学研究，2012，25（4）：377-384．

[42] 梁士奎，左其亭．基于人水和谐和"三条红线"的水资源配置研究［J］．水利水电技术，2013，44（7）：1-4．

[43] 张守平，魏传江，王浩，等．流域/区域水量水质联合配置研究Ⅰ：理论方法［J］．水利学报，2014，45（7）：757-766．

[44] 曾思栋，夏军，黄会勇，等．分布式水资源配置模型 DTVGM - WEAR 的开发及应用［J］．南水北调与水利科技，2016，14（3）：1-6．

[45] 朱彩琳，董增川，李冰．面向空间均衡的水资源优化配置研究［J］．中国农村水利水电，2018（10）：64-68．

[46] 左其亭，韩淑颖，韩春辉，等．基于遥感的新疆水资源适应性利用配置-调控模型研究框架［J］．水利水电技术，2019，50（8）：52-57．

[47] 李佳伟，左其亭，马军霞，等．面向现代治水新思想的水资源优化配置模型及应用［J］．水电能源科学，2019，37（11）：33-36．

[48] 高黎明，陈华伟，李福林．基于水量水质双控的缺水地区水资源优化配置［J］．南水北调与水利科技（中英文），2020，18（2）：70-78．

[49] 高伟，李金城，严长安．多水源河流生态补水优化配置模型与应用［J］．人民长江，2020，51（7）：75-81．

[50] JOERES E F, LIEBMAN J C, REVELLE C S. Operating Rules for Joint Operation of Raw Water Sources［J］. Water Resources Research，1971，7（2）：225-235.

[51] MULVIHILL M E, DRACUP J A. Optimal timing and sizing of a conjunctive urban water supply and waste water system with nonlinear programing［J］. Water Resources Research，1974，10（2）：170-175.

[52] KUMAR A, MONICHA, VIJAY K. Fuzzy optimization model for water quality management of a river system［J］. Journal of Water Resources Planning and Management，1999，125（3）：179-180.

[53] RYAN S J, GETZ W M. A spatial location - allocation GIS framework for managing wa-

ter sources in a savanna nature reserve [J]. South African Journal of Wildlife Research，2005，35（2）：153 - 178.

[54] 裴源生，赵勇，张金萍. 广义水资源合理配置研究（Ⅰ）——理论 [J]. 水利学报，2007，38（1）：1 - 7.

[55] 赵勇，陆垂裕，肖伟华. 广义水资源合理配置研究（Ⅱ）——模型 [J]. 水利学报，2007，38（2）：163 - 170.

[56] 李令跃，甘泓. 试论水资源合理配置和承载能力概念与可持续发展之间的关系 [J]. 水科学进展，2000，11（3）：307 - 313.

[57] 王浩. 面向生态的西北地区水资源合理配置问题研究 [J]. 水利水电技术，2006，37（1）：9 - 14.

[58] 王雁林，王文科，杨泽元，等. 渭河流域面向生态的水资源合理配置与调控模式探讨 [J]. 干旱区资源与环境，2005，19（1）：14 - 21.

[59] 刘丙军，陈晓宏. 基于协同学原理的流域水资源合理配置模型和方法 [J]. 水利学报，2009，40（1）.

[60] 陈太政，侯景伟，陈准. 中国水资源优化配置定量研究进展 [J]. 资源科学，2013，35（1）：132 - 139.

[61] 高亮，张玲玲. 区域多水源多用户水资源优化配置研究 [J]. 节水灌溉，2015（3）：38 - 41.

[62] 潘俊，董健，解立强，等. 基于区域协调发展的多水源复杂系统优化配置 [J]. 沈阳建筑大学学报（自然科学版），2015，31（3）：562 - 568.

[63] 刘争胜，彭少明，崔长勇，等. 西北典型缺水地区非常规水源综合利用与统一配置——以鄂尔多斯市为例 [J]. 水利经济，2015，33（4）：57 - 61，80.

[64] 付强，刘银凤，刘东，等. 基于区间多阶段随机规划模型的灌区多水源优化配置 [J]. 农业工程学报，2016，32（1）：132 - 139.

[65] 付强，鲁雪萍，李天霄. 基于 NSGA - Ⅱ 农业多水源复合系统多目标配置模型应用 [J]. 东北农业大学学报，2017，48（3）：63 - 71.

[66] 杨芬，王萍，黄大英，等. 基于调配管理的北京市多水源水量联合调度研究 [J]. 水利水电技术，2020，51（1）：70 - 76.

[67] 曹明霖，徐斌，王腊春，等. 跨区域调水多水源水库群系统供水联合优化调度多情景优化模型研究与应用 [J]. 南水北调与水利科技，2019，17（6）：54 - 61，112.

[68] 刘玒玒，李伟红，赵雪. 西安市引汉济渭与黑河引水工程多水源联合调配模拟 [J]. 水土保持通报，2020，40（1）：136 - 141.

[69] 李艳，陈晓宏，张鹏飞. 北江流域水文特征变异研究 [J]. 自然资源学报，2013，28（5）：822 - 831.

[70] 孙晓懿，黄强，张洪波，等. 黄河上游生态水文特征变化分析 [J]. 干旱区资源与环境，2010，24（9）：45 - 51.

[71] 张献志，汪向兰，王春青，等. 黄河源区气象水文序列突变点诊断 [J]. 人民黄河，2020，42（11）：22 - 26.

[72] 刘丽红，颜冰，肖柏青，等 . 1960—2010 年淮河流域降水量时空变化特征 [J]. 南水北调与水利科技，2016，14 (3)：43 - 47，66.

[73] 匡键，张学成 . 黄河水资源量及其系列一致性处理 [J]. 水文，2006 (6)：6 - 10，96.

[74] 周和平，翟超，孙志锋，等 . 新疆水资源综合利用效果及发展变化分析 [J]. 干旱区资源与环境，2016，30 (1)：95 - 100.

[75] 于冰，梁国华，何斌，等 . 城市供水系统多水源联合调度模型及应用 [J]. 水科学进展，2015，26 (6)：874 - 884.

[76] 李克飞，侯红雨，贺丽媛，等 . 区域多水源联合调配研究 [J]. 水力发电，2018，44 (12)：19 - 23.

[77] 杨翊辰，高仕春 . 干旱河流多水源联合调配模式研究——以窟野河为例 [J]. 海河水利，2021 (1)：8 - 13.

[78] 吴云，曾超，杨侃，等 . 基于改进 NSGA - Ⅱ 算法的水资源多目标优化配置 [J]. 人民黄河，2020，42 (5)：71 - 75.

[79] 彭少明，王煜，尚文绣，等 . 应对干旱的黄河干流梯级水库群协同调度 [J]. 水科学进展，2020，31 (2)：172 - 183.

[80] 方洪斌，彭少明 . 龙刘水库非汛期联动补水机制研究 [J]. 人民黄河，2017，39 (11)：19 - 23，98.

[81] 李克飞，武见，赵新磊，等 . 应对干旱的黄河梯级水库群调度规律研究 [J]. 水力发电，2019，45 (8)：90 - 93.

[82] 王煜，彭少明，武见，等 . 黄河流域水资源均衡调控理论与模型研究 [J]. 水利学报，2020，51 (1)：44 - 55.

[83] 尚文绣，彭少明，王煜，等 . 缺水流域用水竞争与协作关系——以黄河流域为例 [J]. 水科学进展，2020，31 (6)：897 - 907.

[84] 王煜，彭少明，张新海，等 . 缺水地区水资源可持续利用的综合调控模式 [J]. 人民黄河，2014，36 (9)：54 - 56.

[85] 彭少明，王煜，张永永，等 . 多年调节水库旱限水位优化控制研究 [J]. 水利学报，2016，47 (4)：552 - 559.

[86] 王建华，柳长顺 . 非常规水源利用现状、问题与对策 [J]. 中国水利，2019 (17)：21 - 24.

[87] 董磊华，金弈，张傲然，等 . 三河口水库洪水资源利用方式研究 [J]. 中国农村水利水电，2021 (2)：62 - 65，77.

[88] 王煜，彭少明，郑小康，等 . 黄河"八七"分水方案的适应性评价与提升策略 [J]. 水科学进展，2019，30 (5)：632 - 642.

[89] 王煜，彭少明，武见，等 . 黄河"八七"分水方案实施 30 a 回顾与展望 [J]. 人民黄河，2019，41 (9)：6 - 13，19.

[90] 左其亭，韩春辉，马军霞，等 . 水资源空间均衡理论方法及应用研究框架 [J]. 人民黄河，2019，41 (10)：113 - 118.

［91］ 缪昭旺，吴成国，崔毅，等．水资源空间均衡评价的联系数-耦合协调度模型及应用［J］．华北水利水电大学学报（自然科学版），2021，42（3）：86-95.

［92］ 金菊良，郦建强，吴成国，等．水资源空间均衡研究进展［J］．华北水利水电大学学报（自然科学版），2019，40（6）：47-60.